书山有路勤为径，优质资源伴你行

注册世纪波学院会员，享精品图书增值服务

Satyam Kantamneni ［美］萨蒂扬·坎塔姆内尼 著

用户体验设计

加速业务增长行动手册 王小刚 译

USER EXPERIENCE DESIGN

A PRACTICAL PLAYBOOK
TO FUEL BUSINESS GROWTH

电子工业出版社
Publishing House of Electronics Industry
北京·BEIJING

User Experience Design A Practical Playbook to Fuel Business Growth by Satyam Kantamneni
ISBN: 9781119829201

Copyright © 2022 by John Wiley & Sons, Inc.

All Rights Reserved. This translation published under license with the original publisher John Wiley & Sons, Inc. Copies of this book sold without a Wiley sticker on the cover are unauthorized and illegal.

Simplified Chinese translation edition copyrights © 2023 by Publishing House of Electronics Industry Co., Ltd.

本书中文简体字版经由 John Wiley & Sons, Inc. 授权电子工业出版社独家出版发行。未经书面许可，不得以任何方式抄袭、复制或节录本书中的任何内容。

版权贸易合同登记号　图字：01-2022-3376

图书在版编目（CIP）数据

用户体验设计：加速业务增长行动手册／（美）萨蒂扬·坎塔姆内尼（Satyam Kantamneni）著；王小刚译. —北京：电子工业出版社，2023.12
书名原文：User Experience Design: A Practical Playbook to Fuel Business Growth
ISBN 978-7-121-46548-2

Ⅰ.①用… Ⅱ.①萨… ②王… Ⅲ.①人机界面—程序设计 Ⅳ.①TP311.1

中国国家版本馆 CIP 数据核字（2023）第 201943 号

责任编辑：刘淑敏
印　　刷：天津画中画印刷有限公司
装　　订：天津画中画印刷有限公司
出版发行：电子工业出版社
　　　　　北京市海淀区万寿路173信箱　　邮编100036
开　　本：720×1000　1/16　印张：25.5　字数：363千字
版　　次：2023年12月第1版
印　　次：2023年12月第1次印刷
定　　价：99.00元

凡所购买电子工业出版社图书有缺损问题，请向购买书店调换。若书店售缺，请与本社发行部联系，联系及邮购电话：（010）88254888，88258888。

质量投诉请发邮件至zlts@phei.com.cn，盗版侵权举报请发邮件至dbqq@phei.com.cn。

本书咨询联系方式：（010）88254199，sjb@phei.com.cn。

好评如潮

萨蒂扬在本书分享了他在用户体验领导、产品设计和业务战略方面积累的大量专业知识，并且把它们整合成一系列实操性很强的行动手册。本书将帮助众多组织改变他们思考问题的方式，聚焦于如何完善"以用户为中心"的产品设计与体验策略。无论你的组织在用户体验设计成熟度方面已经达到了哪个阶段，本书都是一个有价值的参考。

——艾米·洛基，ServiceNow高级副总裁、全球设计总监

萨蒂扬撰写了一份有趣、有洞察力的实用指南，为设计概念开启了全新的商业视角。本书介绍了优秀的公司如何有效利用设计获得超值回报。书中丰富有趣的插图，易于阅读，各种逸闻轶事、案例分享和实践示例可以帮助你轻松完成体验设计学习之旅。因此，这本书是用户体验设计方面的光辉典范！

——刘易斯·布莱克，Actian 首席执行官

我最早认识萨蒂扬是在2014年，那时就被他在用户体验设计领域的热情和洞察力而深深折服。他富有前瞻性地认识到，优秀的用户体验对组织的业务发展有着战略性的影响，企业级应用将逐步走向消费者导向[1]。这本书应该是企业家的必读书目，即使粗略地看一遍也能促使他们转变思维模式，并帮

1　此处原文为consumerization，又译为消费化、消费者化、客户导向，指的是企业以满足客户需求、增加客户价值为经营出发点。这要求企业在经营过程中特别注意客户的消费能力、消费偏好以及消费行为的调查分析，重视新产品开发和营销手段的创新，以动态地适应客户需求，从而避免主观臆断、脱离客户的实际需求。——译者注

他们意识到，用户体验方面的投资可以为企业营造出历久弥新、举足轻重的战略性优势。

——文克·舒克拉，蒙塔维斯塔资本一般合伙人

书中描述的各种经验法则、最佳实践、行动指南和洞见卓识为用户体验设计开启了一片全新的天地。我真心希望我在职业生涯早期就能够学会这些经验法则。它是所有设计师和企业家的必读书目、无价之宝。

——艾林·鲍威米克，IBM产品部首席设计官和集团副总裁

在本书中，萨蒂扬不仅揭开了体验设计策略的神秘面纱，还深入浅出地阐释了如何将其应用到实践当中。本书不仅应该成为专业从事用户体验设计人士的掌中宝，还应是所有部门主管的必读书。无论是初出茅庐的新手，还是身经百战的老兵，都能从中获益。所以，我不禁要问：为什么以前从没有人写过此类书籍呢？

——博拉·钟，Bill.com首席体验官

"体验经济"已经占据了主导地位，无论组织的服务对象是终端消费者、企业客户，还是政府部门，卓越的体验设计已经成为任何一个期待为客户创造出真正价值的组织的决定性成功要素。本书结构清晰、内容丰富，是一个被众多处于转型期的企业在产品和服务设计中一再证明是行之有效的经验集合；也是一本精心编排的行动指南，指导人们满怀信心地开始一段开创全新游戏规则的创新协作之旅。

——何塞·德·弗朗西斯科，诺基亚CNS首席设计师，

曾荣获贝尔实验室颁发的"杰出员工"奖

用户体验设计仍然是一个没有被大多数人正确理解的话题。萨蒂扬集他在用户体验设计方面的数十年经验之大成，将其提炼为一个个易于阅读、易于理解的主题。这是所有努力理解设计团队除为用户界面争论调色板之外还要做什么的商业领袖的必备书籍。

——阿诺普·特里帕蒂，Interactions首席技术官

这本书是所有用户体验设计的从业者和管理者的必读书目。萨蒂扬向你分享的是一个实操性很强的工具包，能够帮助你通过"以用户为中心"的体验设计来实现组织转型。

——高拉夫·马图尔，Flipkar设计副总裁

萨蒂扬达成了一项不可思议的成就——他写了一本关于用户体验设计实践的书，而这本书对企业家、企业高管、产品经理和体验设计工程师来说都是价值连城的。本书为团队和组织如何实现"产品设计以用户为中心"而独辟蹊径。强烈推荐阅读！

——马克辛·特雷德，谷歌用户体验经理、UXPin前首席执行官

这是所有期盼在数字化时代赢得竞争的从事产品营销、产品开发和管理的专业人士的必读书目。萨蒂扬将自身的多年经验转化为一个可复制的、框架性的工具包，充分利用设计思维和以用户为中心的创新力量来推动组织实现卓有成效的变革。他利用真实存在的案例深刻批判了那些虽被视为金科玉律但其实会扼杀创新的商业教条，同时教会读者如何识别这些谬误，如何集中精力于那些真正会为客户创造价值的活动。

——塞缪尔·芬格，诺基亚软件解决方案管理前董事

很少有人能像萨蒂扬（或这本书）那样简明扼要、一针见血地讲清楚如何通过设计来实现业务增长。在本书中，他通过对设计思维模式的层层剖析，为每一位笃信"以用户为中心"的企业家提供了实用指南，帮助他们通过用户体验设计为组织带来一场成功的变革。

——德瓦尼·索尼，美国通信巨头8×8公司产品和用户体验设计副总裁

作者在本书中提供了规范和实用的方法，团队可以用它在用户旅程中做出更好的设计决策。按照书中所强调的"专注于业务设计价值"，团队不仅可以茁壮成长，还可以为用户源源不断地创造价值。

——托马斯·德米奥，Coupa产品管理副总裁

随着用户体验成为组织创造交付价值的核心，为组织中不同层级的人员讲授如何设计正确的用户体验变得更加重要。本书是过去十年中出版的最重要的书籍之一，它肯定会帮助你和你的组织正确理解如何在你所做的每一件事中都坚持正确的思维模式。

——贾斯汀·洛基茨，商业模式和策略专家、畅销书*Design A Better Business: New Tools, Skills, and Mindset for Strategy and Innovation*和*Business Model Shifts: Six Ways to Create New Value For Customers*的作者

萨蒂扬创作了一系列非常实用的行动手册，它们将帮助团队和组织为他们的用户提供用户真正重视和喜爱的服务。对于那些渴望了解如何以卓越的用户体验来推动业务增长的企业家来说，本书是必读书目。

——格雷格·佩特罗夫，Compass调研和产品设计高级副总裁

　　谨以本书献给我的妻子 Gayatri，以及我的两个女儿，Veda
和Mantra，因为她们无怨无悔地支持我的创业之旅。

作者介绍

　　萨蒂扬（Satyam）和他的兄弟普拉萨德（Prasad）是UXReactor公司的创始人。在他的领导下，UXReactor公司已经成为美国发展最快、专业从事用户体验设计的公司。该公司目前拥有60多名员工。

　　在开始他的创业之旅之前，萨蒂扬在旧金山思杰公司（Citrix）担任产品设计总监。思杰公司的产品设计团队从最初的4名成员扩充到100多名，萨蒂扬功不可没。他曾领导硅谷的一支设计团队，在建设贝宝（PayPal）位于印度的全球设计中心的过程中发挥了至关重要的作用。

　　萨蒂扬坚持"终身学习"的理念，他的教育背景刚好完美诠释了工学、以人为中心的产品设计和商学三者构成的独特"铁三角"：他曾在哈佛商学院学习著名的"综合管理课程"[1]，曾在斯坦福大学学习设计思维，还拥有莱特州立大学[2]人类工程学[3]的硕士学位。

　　在哈佛学习期间，萨蒂扬意识到：大多数企业没有充分认识到用户体验

1　哈佛商学院为拥有15~20年管理经验的人士开设的为期3个半月的高级管理人员培训课程。——译者注

2　美国的一所研究型的综合性大学，位于美国俄亥俄州，成立于1964年，以著名的莱特兄弟的名字命名。——译者注

3　人类工程学又名"人机工程学"。按照国际人机工程学会给出的定义，"人机工程学（或人类工程学）是一门理解人与系统其他元素之间的相互作用的科学学科，是一门综合应用理论、原理、数据和方法来完成设计，以提升人类福祉、改善系统整体性能的专业"。——译者注

（User Experience，UX）设计的力量，没有将其作为战略增长的引擎。公司内部要么不具备产品设计方面的专业知识，要么将产品设计降格为支持性角色，即便在雇用外部用户体验机构时也将用户体验设计视为无关大局的东西。

萨蒂扬决心改变这一切，于是他创办了UXReactor公司，帮助用户在"以用户为中心"的创新中获益数亿美元。萨蒂扬以及UXReactor公司的成功，充分证明了用户体验设计理应成为推动企业范围内创新的力量，可以帮助企业获得丰厚的商业价值。

萨蒂扬策划并开发了PragmaticUX™行动手册——一种在数字世界中实现创新、一致、可复制、可测量和可扩展的方法，借此有力地推动了用户体验学科的发展。UXReactor公司依靠这一经过充分实践检验的行动手册，为多家名列《财富》500强的公司引领用户体验与产品创新工作。

萨蒂扬与妻子和两个女儿居住在加利福尼亚州的都柏林[1]。

1　旧金山湾区郊区的一座小城，位于旧金山的东南方，距离旧金山市中心56公里。众多大型企业的总部汇集于此，例如赛贝斯公司（Sybase Inc.）。——译者注

关于UXReactor

为了赢得市场份额，保持领先地位，企业需要给用户带来与众不同的体验。升级功能、优化平台设计，这些还远远不够。你的用户需要直观明了、无缝衔接的解决方案——功能越强大，使用越方便。

一旦做到这一点，你的用户将会对你忠心耿耿，不离不弃。

我们专注于为业务场景复杂多变的B2B组织分享有关体验设计方面的经验。大多数用户体验设计机构都对大规模、高复杂度的企业级系统避之不及，而且他们也没有能力为大型B2B组织保驾护航。

UXReactor公司无惧这方面的挑战，且在挑战中蓬勃发展。我们努力克服高复杂度带来的不利影响，竭尽全力地为你创造出无缝衔接的体验。这就是各大企业级软件公司、各行业翘楚都纷纷选择UXReactor公司的原因。

我们一直致力于在以下这些方面为你的组织排忧解难：

- 发现新市场，验证新产品或现有产品，以便用更加便利的手段将创意转变为丰厚的利润。
- 通过用户设计与用户体验设计，为公司赢得竞争优势。
- 为公司赋能体验设计能力，这样你就可以按需创新，以贴心的用户体验设计吸引到更多忠实客户。

我们主导的每一项活动都专注于改进最重要的指标。无论是采用率、保留率、效率、满意度，还是客户终身价值（Customer Lifetime Value，CLTV）[1]、成单率、销售额，UXReactor公司的体验设计工作都会让这些指标突飞猛进。

---

1 客户终身价值，又译作客户生命周期价值，指的是企业在整个业务关系中可以从单个客户账户中合理预期的总收入的指标，是衡量成长型公司的最重要指标之一。——译者注

今天，UXReactor公司的客户群包括ServiceNow[1]、Tekion[2]、诺基亚、Actian[3]、极进网络（Extreme Networks）、CloudKnox[4]等。我们致力于帮助他们达成重要的业务里程碑，赢得令人瞩目的奖项。2021年，我们一起见证微软收购CloudKnox。遥想当初，当CloudKnox向UXReactor公司求援时，他们只不过提出了一些还不太成熟的想法[5]。在五年内Tekion的估值猛增到令人咋舌的35亿美元。另外，我们还帮助英国最大的手机服务提供商之一在一年内将其客户增长率提升了100%。

UXReactor公司由一些在世界级标杆性的科技公司领导创新和产品设计工作的高管创立，该公司立足于自身数十年的行业经验，将成熟的技术转换成可以大规模复制的设计方法。

UXReactor公司拥有一支60多人的多元化团队，包括体验设计战略规划者以及用户调研、交互设计和视觉体验设计方面的专业人才。所有工作都紧密围绕UXReactor公司专门开发的PragmaticUX™行动手册展开。本书正是这些领先技术的集萃。

UXReactor公司是一家全球性的公司，总部位于加利福尼亚州旧金山郊外的普莱森顿，还在印度的海得拉巴以及哥伦比亚的麦德林设有办事处。

1　成立于2003年，为美国成熟的IT市场提供IT服务管理和IT运维管理的SaaS化业务。——译者注

2　成立于2016年，为汽车零售行业提供深层企业云平台，包括服务调度、车辆检查、通信和支付等。——译者注

3　成立于1980年，专业从事数据库解决方案。——译者注

4　一家网络安全初创型公司，2021年7月被微软收购。微软公司副总裁乔伊·池（Joy Chik）曾表示该公司提供的技术可以帮助微软管理和保护对云账户和数据的访问。——译者注

5　此处原文为a back-of-the-napkin idea，直译为"餐巾纸背后的想法"。例如，一个想法是在和别人一起吃饭时产生的，当创造者还有记忆的时候，这个想法的基本概念很快就被记录在餐巾纸的背面。——译者注

前言

最早萌生撰写本书的念头，需要追溯到2012年。当时我在一家大型软件公司担任设计负责人，领导着一个集中办公的设计小组，负责该公司大多数创新产品的用户体验设计。在那之前，我在另外两家组织中担任了近六年的用户体验设计负责人，从用户体验设计副经理一直做到了设计总监。

在与我的经理探讨自己的职业生涯规划时，我提到了自己的抱负。我渴望将自己的角色从产品设计团队负责人转变为业务团队负责人，我觉得我可以在组织中发挥更为全面的作用。这次对话之后，公司派我参加哈佛商学院著名的"综合管理课程"，这是一个为高级管理人员量身定做的课程，旨在为高级管理人员提供端到端的管理培训。这次培训的经历给我带来了颠覆性的影响，我的100多位同学尽管都是在各方面颇有建树的领导者，但他们仍然在如饥似渴地系统学习商业知识。

在那里，我的收获主要有两点：第一，我学会了框架的力量——教授们会建立一些通俗易懂的框架，便于学员快速理解和投入实际应用，然后在这些框架的基础上不断演化——从SWOT分析，到"营销的五个P"[1]，再到平衡计分卡，莫不如此。我对框架的力量叹为观止，并在分享本书后面的内容时使用了相同的方法。

第二，当我与每一位同行交流时，我意识到我用过的那些为设计师量身定做的工具居然可以解决大量的业务问题——"快速试错"是设计师工具包的基石，可以用来产生大量的新产品创意；"用户旅程地图"及其流程可以

---

1 所谓"营销的五个P"指的是产品（Product）、价格（Price）、渠道（Place）、推广（Promotion）和宗旨（Purpose）。——译者注

帮助组织提高效率;"用户调研"则可以验证产品是否适合市场。

我的脑袋里充斥着各种设想。有趣的是,我的大多数同学从来没有考虑过聘请像我这样的"设计师"来解决他们的业务问题。这主要是因为之前为他们工作过的所有设计师(营销、室内设计、工业设计、图形或用户界面设计)展现出来的都是有关设计的技能,并没有站在"业务"层面上高屋建瓴地思考用户体验设计。

课程结束时,我决心加倍努力,大力开拓"设计领导力"道路。我应该努力做大做强产品设计行业,发挥更大的行业影响力。

我的灵感来自大名鼎鼎的芝加哥大学的会计学教授詹姆斯·麦肯锡(James McKinsey)。他在1926年创办麦肯锡咨询公司时有着类似的愿景,认为会计学实践可能是创造商业价值的关键因素。他相继为一家又一家聘请他的公司创造出巨大的价值,以"现代管理咨询行业的开创者"身份名垂青史。其核心成就之一,麦肯锡预算规划,至今仍然作为一种管理框架广泛应用于商业活动中。

在接下来的一年半时间里,我一直在寻求将产品设计提升为业务驱动力的方法。然而,知易行难,在残酷的现实面前我一次次碰壁。我还记得我和一位总经理的一次谈话。他负责的一套产品创造出超过5亿美元的销售收入。我向他分享了我的观点:优秀的产品体验设计带来优质的业绩,我们应该在产品设计上投入更多的精力,使产品套件更加天衣无缝地适应客户的应用场景。他对我的回答倒也干脆利落:"我为什么要这么做?我可以把那些钱用于销售端(非常现实的选择),每投入1美元就会给我带来10美元实实在在的收入。"

遗憾的是,我无法反驳他的观点,因为我无法真正阐明在产品设计上多投入一美元能够带来多大价值的回报。虽然我笃信产品设计的力量,但我受困于以一一对应的方式展示它的影响力。各种各样的困扰层出不穷,例如,组织的优先事项选择、设计师的能力、缺乏工具和流程。

通过进一步分析，我将挑战的根源归类为四个关键因素：思维模式、人、流程以及环境。这里的水很深，比我预想的要复杂得多。

再后来，我决心把自己职业生涯的下一段旅程重新回归到绘图板上来——创办UXReactor公司，借此作为"实验介质"来重新审视这个问题。从本质上讲，我们把重心放在了我们想要试验的四个关键变量上——思维模式、人、流程与环境。在接下来的七年里，我们历经了数不胜数的假设、试错与迭代，最终将我们的研究成果固化到了一个名为PragmaticUX™行动手册的内部手册里。

在这段时间里，我们围绕设计师的意图构建了100多个框架（我们称之为"行动手册"），例如，如何规划战略投资，如何为启动产品设计做好准备，如何确保整个组织对用户抱有深刻的同理心，如何进行产品设计访谈，甚至如何将每周状态总结转化为报告。我们为一切都打造好"框架"。我们的研究就是着眼于如何通过更卓越的方式来掌控思维模式、人、流程和环境这四个关键因素。

有了这些行动手册作为支柱，UXReactor公司得以发展壮大，并已经为客户或合作伙伴创造了数亿美元的价值，在业界产生了深远影响。同时，我们的工作也获得了业界的广泛认可，屡获殊荣，包括2019年度FastCompany的创新设计大奖，连续两年被评为"美国发展最快的专业用户体验公司"，名列"美国最受尊敬的5000家公司"榜单。

随着我们与各种类型的客户展开各种各样的合作，我们也在持续更新和优化这些"行动手册"。很快，除咨询服务之外，我们还看到了许多潜在客户对这些"行动手册"本身怀有浓厚兴趣。更为有趣的是，有些已经离开UXReactor公司的伙伴也曾告诉我，他们为新公司所创造的价值普遍高于那些经验高于他们两倍之多的同事，因为这些伙伴都是UXReactor公司锤炼出来的精英，长期浸淫在那些"行动手册"之中。有些大学也开始与我们接触，希望引入我们的"行动手册"作为研究生课程之一。

凡此种种，让我们意识到：是时候向全世界公开发表我们的实践成果了。这样可以帮助更多的企业高管、产品设计团队管理者以及广大设计师充分利用这些成果有效推动他们自身的业务成长。

同时，撰写本书本身也是一个用户体验设计的过程。我们的初衷是让本书成为每一位想利用体验设计的力量来推动业务发展的人士的参考书和加速器。

这项任务可不容易。因为，为了能够写出本书供你一览，我们必须对症下药，解决以下四个有关产品设计的问题：

- 首先，同时也是最重要的问题，我们必须找到如何让读者（也就是你）更容易阅读的导览方式。所以我们在书中大量使用插图，以便你快速阅览、有效记忆和精准应用。这本书的写作结构可以让你在各个章节与主题之间自由跳转阅读，你不必拘泥于从头至尾按顺序阅读。

- 其次，正所谓"授人以鱼，不如授人以渔"，我们讲授给你的必须是"打鱼"的方法，而不是给出可能与你业务背景不相关的具体建议。为了做到这一点，我们在相关章节中引入了"注意力画布"这一工具。我们笃信：如果你正在为某一问题寻求解决方案，那么你的注意力应该聚焦于问题的来龙去脉里所包含的所有的可变因素。"注意力画布"将帮你做到这一点。

- 再次，我们必须想方设法地让这本书变得精彩纷呈，同时让五种不同角色的读者都觉得值得拥有。曾有人建议我们缩减预期读者的范围，但这实在是个困难的要求。因为，只有当整个生态系统都携起手来，才能让用户体验设计发挥它的重要作用。为此，我们需要整个生态系统中的每一类人物角色都能从本书中寻找到对自己大有裨益的东西。在本书的第12章中我们将向你诠释你是"五种角色"中的哪一种，以及你需要重点关注本书中的哪些章节。

- 最后，我们必须让你感受到本书的内容真实生动，能够让你产生共鸣。为此我们在书中介绍了大量的逸闻轶事与案例。在本书的第3篇中，我们还分享了各式各样的案例，并在模拟环境（但是来源于现实生活）中为每一种类型的读者创造适合他们的各种工作场景。

我确信我们已经在上述四点上迈出了坚实的一步。然而，就像一切"以用户为中心"的产品设计一样，用户的输入也是必不可少的。因此，我和团队衷心希望能够得到你的反馈。

还有一点需要你关注：在我和团队共同撰写本书的过程中，我们小心翼翼地维护客户的隐私信息。本书中使用的公司名称都是虚构的，个人姓名或者数据资料也已调整或修改。当然，相关事实并未阙如，不会影响你的理解。

衷心希望本书不仅能够帮你形成前所未有的思维模式，给你带来别具一格的关注点，还能够为你提供善工利器，为你的组织创造出10倍的价值。衷心祝愿你在追求让世界变得更加美好的旅程中一切顺利。

目录

01 第1篇 战无不胜

第1章 案例剖析：阿尔特教育 005

——数字化并非取得辉煌成果的唯一决定性因素

第2章 概要介绍 010

——整合业务、技术以及产品设计等各类角色

第3章 用户体验问题 014

——理解了这个问题就成功了一半

第4章 用户体验价值链 018

——通过解决用户体验问题创造商业价值

第5章 不经之谈 024

——做着同样的事情，却期盼不同的结果

第6章 见贤思齐 030

——体验转型的两个成功案例

第7章 正确运用系统的力量 043

——克敌制胜的四个关键因素

第8章　以用户为中心的组织的思维模式　　　　　　　　　　047

　　　　——我们可以向15世纪的博学家学习什么？

第9章　用户体验设计流程　　　　　　　　　　　　　　　　059

　　　　——创建一个有助于成功的结构

第10章　用正确的方法找到正确的人　　　　　　　　　　　065

　　　　——在以用户为中心的组织中调整技能、角色和人员

第11章　变革从你自身开始　　　　　　　　　　　　　　　075

　　　　——厉兵秣马，身先士卒

第2篇

27份行动手册

第12章　怎样用好这些行动手册　　　　　　　　　　　　　083

　　　　——根据你的意图创建属于自己的学习旅程

第13章　如何阅读这些行动手册　　　　　　　　　　　　　088

　　　　——了解为达目的而需采用的思维方式

第14章　用户同理心　　　　　　　　　　　　　　　　　　091

　　　　——如何才能真正与我的用户产生共鸣？

第15章　体验设计的战略：导言　　　　　　　　　　　　　105

　　　　——为以用户为中心的组织搭建适合的框架

第16章　体验设计的文化　　　　　　　　　　　　　　　110

　　——如何培育用户至上的组织环境？

第17章　共享同理心　　　　　　　　　　　　　　　　120

　　——如何培育组织集体的用户同理心？

第18章　体验的生态系统　　　　　　　　　　　　　　129

　　——如何在整个生态系统中为用户构建无缝的体验？

第19章　体验路线图　　　　　　　　　　　　　　　　137

　　——如何创建以用户体验为中心的路线图？

第20章　体验的愿景　　　　　　　　　　　　　　　　146

　　——如何创建能够激活组织的体验愿景？

第21章　招聘　　　　　　　　　　　　　　　　　　　153

　　——如何招聘体验设计师？

第22章　职业发展通道　　　　　　　　　　　　　　　162

　　——如何让体验设计师在其职业生涯中茁壮成长？

第23章　体验转型规划　　　　　　　　　　　　　　　170

　　——如何为体验转型创建一份稳健有序的规划？

第24章　真正洞察用户的"用户调研"：导言　　　　　181

　　——构建并激活一系列洞察用户的能力组合

第25章　挑选用户调研的方法　　　　　　　　　　　　185

　　——如何挑选合适的调研方法来收集洞见？

第26章　招募用户调研的参试者　　　　　　　　　　　193

　　——如何招募到合适的参试者参与用户调研？

第27章　用户调研的品质　　　　　　　　　　　　　　203

　　——如何保障用户调研严谨有效？

第28章　体验设计的指标　　　　　　　　　　　　　　212

——如何确定用户体验已然成功？如何衡量体验设计的品质？

第29章　有效管理和应用调研成果　　　　　　　　　225

——如何有效管理和应用用户调研的成果？

第30章　用户调研规划　　　　　　　　　　　　　　232

——如何高效地开展用户调研项目？

第31章　产品思维：导言　　　　　　　　　　　　　241

——建立一个系统以便准确识别问题、优先处理问题并针对问题展开协作

第32章　用户体验的标杆　　　　　　　　　　　　　244

——同类产品的最佳体验是什么？产品体验的基准又是什么？

第33章　体验设计摘要　　　　　　　　　　　　　　252

——如何从设计阶段开始时就做到以终为始，一举奠定成功？

第34章　设计要解决的问题，设计要抓住的机会　　　260

——如何精准确认要解决的问题？

第35章　产品体验策划　　　　　　　　　　　　　　271

——如何确保提供出色的产品体验？

第36章　跨职能协作　　　　　　　　　　　　　　　280

——如何通过组织内的协作，推动产品体验设计的无缝对接？

第37章　产品思维规划　　　　　　　　　　　　　　288

——如何打造卓越的产品体验？

第38章　体验设计的实践：导言　　　　　　　　　　297

——在组织中形成卓有成效的"解决方案"节奏

第39章　工作流设计　　　　　　　　　　　　　　　300

——如何系统性地构建和优化体验？

第40章　详细设计　　　　　　　　　　　　　　　　　　　　　308

　　——如何打磨出高效能且高品质的设计？

第41章　评审体验设计　　　　　　　　　　　　　　　　　　　320

　　——如何实施体验设计的评审？

第42章　设计体系　　　　　　　　　　　　　　　　　　　　　330

　　——如何构建并扩展出具有高度一致性的、高品质的体验设计？

第43章　用户体验设计的质量保证活动　　　　　　　　　　　　339

　　——如何检验工程团队交付的产品是否符合体验设计的要求？

第44章　体验设计实践的规划　　　　　　　　　　　　　　　　346

　　——如何高效地规划体验设计的实践？

03 第3篇
如何在组织内运用这些实践

第45章　假如你是公司高管……　　　　　　　　　　　　　　　355

　　——对比两位公司高管在不同商业环境中的不同做法

第46章　假如你是设计团队负责人……　　　　　　　　　　　　362

　　——两段起点不同的旅程：成熟型公司与不成熟的公司

第47章　假如你是一位设计师……　　　　　　　　　　　　　　368

　　——成为体验战略规划者的成功之路

第48章　假如你是刚入行的新手……　　　　　　　　　　　　　371

　　　　——建筑师和传媒专业的毕业生如何成功转型为体验设计师

第49章　假如你是来自其他团队的成员……　　　　　　　　　377

　　　　——产品经理和工程师如何成为出类拔萃的合作者

第50章　结束语　　　　　　　　　　　　　　　　　　　　381

第1篇

战无不胜

> "如果你缺乏战无不胜的勇气，那还不如彻底放弃。"
>
> ——汤姆·布拉迪[1]

---

[1] 美国美式橄榄球运动员，职业生涯共获得7次"超级碗"冠军，5次荣膺"超级碗"最有价值球员。他在2005年被《体育画报》评为"年度最佳运动员"，2006年被《福布斯》杂志评为"100位名人"之一。——译者注

业务·技术·产品设计

"这是刻入苹果公司基因里的信条——单纯依靠技术是不够的。技术必须与文学艺术相结合，必须与人文学科相结合，这样才能产生动人心弦的效果。"

——史蒂夫·乔布斯

第1章

案例剖析：阿尔特教育
——数字化并非取得辉煌成果的唯一决定性因素

　　阿尔特教育[1]（一家在现实生活中能够找到原型的虚构公司）是一家成熟的公司，为美国西海岸的K-12学生提供种类繁多的课外课程。经过几十年的发展，截至2019年，该公司在加利福尼亚州、俄勒冈州和华盛顿州等地开设了20家分支机构，每时每刻都有4000多名学生享受该公司提供的付费课程。

　　2019年，该公司的业务收入增长了40%以上。然而，在2020年初，新冠疫情大暴发。3月，各州州长陆续发布了居家的命令。于是，阿尔特教育也遭受飞来横祸，所有的线下教学场所都要关闭很长一段时间。

　　高层管理人员立即召开会议，商讨公司应该如何摆脱困境。高层管理人

1　阿尔特教育是我们虚构的一家公司，但它是现实生活里诸多在数字化转型过程中饱受各种问题困扰的公司的真实写照。如果你对阿尔特教育所面临的困境感兴趣，如果你有意深度探寻首席执行官应当采取的应变措施，请参阅本书第45章。

员决定：为了生存，公司必须转型，即将所有的培训项目全面数字化。这就要求公司规模不大但是向来成效卓著的产品设计、技术和教育团队，立刻找到工具将公司那些利润丰厚的培训项目全面迁移到线上。如此一来，这些项目就能够有效规避居家带来的不利影响。如果此举不能成功，公司只能全额退还学生费用，这将使该公司的业务大幅缩减。

在接下来的一个月里，团队废寝忘食地从各种在线工具和平台精心挑选适合自身业务迁移使用的内容。他们将所有的教材和测试题目都制作成了电子版本，还开发了集学生协作、课程跟踪和在线支付于一身的集成化工具，并且精心挑选了供老师们使用的网络会议工具。阿尔特教育的每个人都对自己在这么短的时间内取得如此辉煌的成就感到自豪。

然而，出乎意料的是，新系统上线之后的几个月里，满意度和入学率直线下降。学生们发现这些令人眼花缭乱的工具实在难以使用，无法找到适合自己的课程材料，无法与同学们有效协作。老师们则对在线教学所要求的新教学方法无所适从。

虽然这些数字化工具都能够保障程序平稳运行，但是带给用户的体验截然不同。学生们认为，阿尔特教育所做的一切不过就是让他们能够通过网络会议软件观看老师们授课。然而，由于阿尔特教育没有提供良好的学习体验，学生们觉得还不如去YouTube或者可汗学院（Khan Academy）[1]上看视频，至少这些视频都是免费的。

高层管理人员知道他们必须采取破釜沉舟的行动拯救公司，但他们不知道怎样做才是有效的：

- 公司应该从哪里**开始**转型工作？
- 公司的**业务战略**应该做出怎样的调整？

1　美籍孟加拉国移民萨尔曼·可汗于2007年创立的非营利在线教育平台。可汗学院对全球网友免费开放，全程无任何广告，坚持以不营利为目的。在美国，有2万多所学校上数学课时老师已经不再讲课，让学生观看可汗学院的视频，老师只负责答疑。——译者注

- 谁来**领导**转型工作？
- 谁应该加入数字化转型的**团队**之中？
- 公司应该为转型工作**投入**哪些资源？
- 谁才是他们应该关注的重点，**教师、学生**还是学生**家长**？
- 他们应该开发哪些新**功能**和新**工具**？
- 他们能这么做吗？

很显然，阿尔特教育的管理层对这些问题还缺乏足够认识。

这是一个系统性问题

为什么全盘采用数字化之后仍然无济于事？为了理解这一点，让我们来解构一下阿尔特教育的数字化生态系统。

在家学习的学生需要在以下多个数字化系统中辗转穿梭，还都得能够运用自如：

- 一个用于评估的系统。
- 一个在线学习系统。
- 一个用于跟踪他们学习进度和成绩的系统。
- 一个用于与同学异步交流的系统。
- 一个用于课程计划和日程安排的系统。
- 还需要有一个电子邮件或者其他类似的结构化通信手段。

此外，这些系统必须考虑到从幼儿园小朋友到高中生不同年龄段学生的不同需求。

与此同时，家长们还必须能够熟练应用多个数字化系统以便支持孩子在线学习：

- 一个检查孩子学习成绩的系统。
- 一个用于跟踪课堂教学内容的系统。

- 一个用于付款的系统。
- 一个与机构教师和员工沟通的系统。
- 一个与其他家长沟通的系统。
- 还要有一个能够指导在家学习的孩子的系统。

老师们也得掌握多个数字化系统，才能保证顺利交付课程：

- 一个用于创建内容的系统。
- 一个用于班级课程管理的系统。
- 一个用于与学生和家长沟通的系统。
- 一个用于与州教育部门协同工作的系统。

最后，还要为阿尔特教育的客户支持团队开发和管理多个专用的数字化系统：

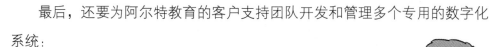

- 一个用于跟踪和管理学生付款的系统。
- 一个用于跟踪和管理学生访问权限和密码的系统。
- 一个用于与家长、学生、教师和行政部门沟通的系统。
- 一个用于与阿尔特教育的供应商和合作伙伴协同工作的系统。

数字化转型的范式

阿尔特教育在数字化转型中遭遇的困扰并非个案。事实上，这种情况在全世界各个地区、各个行业不断上演。企业热切渴望能够迅速转型成功以确保自己有能力生存，摆脱被淘汰的风险。

现在，每一个企业的每一项工作可能都有各式各样的数字化系统支撑。然而，如果这些系统彼此之间是脱节的，那只能称其为穿上了"数字化转型"的华丽外衣。虽然，业务转型正在如火如荼地实施过程中，然而运行在企业内部的业务应用程序（也就是员工用于处理工作的应用程序）实在不尽如人意，与员工日常使用的个人应用程序不可同日而语。

正在实现快速转型的领域包括：

法官、律师和原告，通过网络会议工具处理诉讼案件。

足不出户，通过移动应用程序处理医疗服务和心理健康服务请求。

通过3D实景展示和在线公证系统，不必亲临现场就能购买价值百万美元的房产。

当面对面的沟通有困难时，通过在线协作工具召开关键业务头脑风暴会议。

应聘者通过面试，接受了一份远程工作的职位，然后一直在家工作，甚至没有"亲眼"见过一位同事，完全通过数字化工具与同事们协作。

　　显而易见，在过去近20年的时光里，消费者不断接受各种新技术的洗礼，不会再去接受互无关联的数字化系统。

　　这股席卷全球的数字化风潮让许多企业明白了一个至关重要的道理：仅仅完成数字化迁移是不够的，用户体验才是需要着力解决的新问题。

> 划重点：用户不再愿意接受互无关联的数字化系统带来的支离破碎的体验。

第2章

概要介绍
——整合业务、技术以及产品设计等各类角色

由国际设计管理协会（Design Management Institute, DMI）[1]主导的一项研究发现：以产品设计为核心的公司，包括苹果、可口可乐、福特汽车、赫曼米勒（Herman-Miller）[2]、IBM、财捷（Intuit）[3]、纽威乐柏美集团（Newell-Rubbermaid）[4]、宝洁、星巴克、喜达屋国际酒店集团、世楷（Steelcase）[5]、塔吉特（Target）[6]、迪士尼、惠而浦以及耐克等，他们的平均股价指数高出标准普尔500指数228%。

由麦肯锡2018年主导的另一项有关产品设计对商业价值贡献度的研究表明：以产品设计为核心的公司的经营业绩高出竞争对手2倍之多。

与此同时，从21世纪初开始，技术和数字化系统开始引领人们的工作和生活。毋庸置疑，当今世界上最有价值的前10家公司中有8家是科技型公司。技术正在彻底改变一切，数字化正在迅速席卷全球。如果对产品设计给予同样的重视，能否推动组织持续向前发展？答案是：视情况而定。

1　成立于1975年，是一个国际非营利组织，旨在提高设计意识，将其提升为业务战略的重要组成部分。目前，DMI已经成为设计管理领域的领先资源和国际权威。——译者注
2　办公家具全球第一品牌，创立于1905年，总部设在美国密歇根州。——译者注
3　位于硅谷山景城的一家以个人财务软件为主营产品的高科技公司，成立于1983年。2019年10月，入选《财富》杂志"2019未来50强"榜单，排名第21位。——译者注
4　全球500强企业，旗下品牌和产品主要包括家庭与家居、办公产品和工具、五金商用产品等三大部分。——译者注
5　全球三大办公家具品牌之一，1912年创立于美国密歇根州大急流城。——译者注
6　美国第二大零售商，2020年8月，在全球500强公司中排名第117位。——译者注

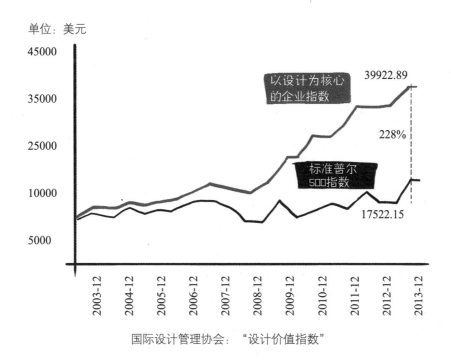

单位：美元

以设计为核心的企业指数 39922.89

228%

标准普尔500指数

17522.15

2003-12　2004-12　2005-12　2006-12　2007-12　2008-12　2009-12　2010-12　2011-12　2012-12　2013-12

国际设计管理协会："设计价值指数"

划重点：以产品设计为核心的公司的经营业绩高出竞争对手2倍之多。

所以，产品设计的方法亟待更新，需要将技术的动态性与传统设计的实践相结合。在构建和部署数字工具化时需要深谋远虑，努力践行以用户为中心的产品设计，不仅可以为用户带来与众不同的数字体验，而且可以带动企业的市场份额增长1~5个百分点。

1~5个百分点的增长，这个数据来自麦肯锡2019年的一份报告。该报告详细介绍了各种数字化增长战略，以及工业企业如何不断超越同行。有必要澄清一下：我们说的可是"百分点"，而不是基点（百分之一的百分之一，即万分之一）。也就是说，与众不同的数字体验可以轻而易举地转化为数百万甚至数十亿美元的商业价值。

要想赋予产品与众不同的数字体验，可不能指望天上掉馅饼，必须经由精雕细琢的设计才能达成。那些还没有意识到这一点的组织不可能做到战无不胜。

苹果、亚马逊、优步、Nest智能家居[1]和爱彼迎（Airbnb）等数字化公司能够创造出辉煌的商业价值，绝非偶然。他们深谙技术与用户体验设计深度结合之道，并有效利用这一点大力推动业务增长。他们之所以成为各自领域的佼佼者，不仅仅是因为他们拥有最好的技术，还因为他们理解自己的用户，无时无刻不在创造出令人叹为观止的用户体验。

> **"划重点：要想赋予产品与众不同的数字体验，可不能指望天上掉馅饼，必须经由精雕细琢的设计才能达成。**

Nest恒温器就是展现卓越数字体验魔力的一个典型案例。该公司利用这一竞争优势，在短短四年的时间里构建出一个庞大的市场。2014年谷歌以高达32亿美元的价格收购了Nest智能家居公司。Nest智能家居公司不仅构建了一个造型新颖、设计精良的物理恒温器，还设计了与之配套的多种用户体验：产品性能体验、产品订购体验、产品拆包体验、产品配置体验、明细表体验、产品使用监控体验和移动端使用体验。显然，Nest智能家居公司在商业方面的辉煌成就正是通过以用户为中心的独具匠心的设计而造就的。

1　美国Nest智能家居公司主打产品是Nest恒温器（又叫Nest温控器），是一款具有自我学习功能的智能温控装置，它可以记录用户的室内温度数据，智能识别用户习惯，并将室温调整到最舒适的状态。——译者注

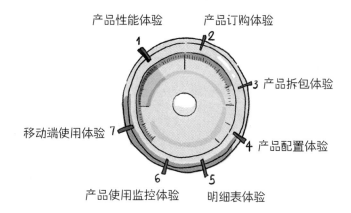

尽管各大公司及其管理层都认识到：独具匠心的设计能够带来与众不同的数字化体验，而且可以极大地推动业务发展。但以我从业20年的经验（硅谷的大多数IT行业翘楚我几乎都遍历过）判断，大多数组织都无法有效利用它来撬动业务增长。

造成这种尴尬局面的原因不尽相同。我撰写本书的初衷正是解开其中的奥秘，为企业领袖、产品设计大师、设计行业设计师以及合作者提供一个考虑周全的框架，以充分发挥设计与技术结合的潜力。

第3章

用户体验问题
——理解了这个问题就成功了一半

国际数据公司（International Data Corporation，IDC）预测：2020—2023年，在这3年里，全球范围内在企业数字化转型方面的总投资将高达6.8万亿美元（此数字还仅计算那些依赖在技术上大规模投入才能获得增长的企业）。与此同时，2021年由麦肯锡所做的"全球数字情感洞察力调查"结果显示，56%的数字服务用户表示，他们对用户体验不满意。

换句话说，企业在数字化产品和服务的投入达到了天文数字，然而这笔投资的大部分用在了人们（用户）认为不可用，觉得没有用或者干脆不屑一顾的产品或服务上。企业在数字化转型上的高额投入，确实可以让有些企业如虎添翼，然而大多数企业却是血本无归，因为它们并不清楚用户体验问题会给当前和未来的业务成果带来怎样的影响。

> **"** 划重点：56%的数字服务用户表示，他们
> 对用户体验不满意。

用户体验问题

简而言之，用户体验问题意味着：置身于商业生态系统中的每个用户，在每次体验数字化产品或服务时，是否能够在他们认可的时间、地点，以他们认可的方式得到他们想要的东西。

毋庸讳言，当前每一家公司本质上都是技术型企业，要么直接交付产品，要么已经（或即将）在技术方面投入巨额资金用于优化内部运营。为了发展壮大，企业必须为置身于其商业生态系统内的所有用户创造出最佳的用户体验。注意：此处"用户"包括（但不限于）企业的直接用户、企业员工以及作为生态系统一部分的任一合作伙伴和供应商。

企业需要认识到，以下行为不是在为企业创造价值[1]，而是在降低价值：

- 在不了解用户及其场景的情况下就草率地构建解决方案。
- 强迫用户为了完成工作而不得不使用多种产品或服务。
- 用户无法轻松便捷地找到配送功能。
- 用户必须经过专门培训之后才能掌握如何使用产品。
- 交付的数字产品或服务不够美观。

与之相反，如今的用户在做出是否购买的决策时基于以下因素：

1　我见过的有关"创造价值"的最佳定义来自BusinessDictionary.com——所谓"创造价值"就是提高商品、服务乃至企业价值的行为。

- 能否让他们快速**学会**使用产品。
- 能否让他们**方便快捷**地在产品中查找信息。
- 产品是否**简洁直观**。
- 是否能够轻松**驾驭**产品。
- 产品是否在美学上具有**吸引力**。
- 为用户提供的客户支持服务是否与产品本身**完美匹配**。
- 产品带给他们的**感受**如何。
- 是否能够与使用产品的其他用户一起**协作**。
- 购买产品时的整体体验是否**完美无瑕**。
- 产品与现有系统之间的**关联程度**。

迫在眉睫的危机

根据瑞士信贷（Credit Suisse）的研究，当前标准普尔500指数的各成分股公司的平均年龄不到20岁，然而在20世纪50年代这个数值高达60岁。研究人员认为：造成这一转变的直接原因在于技术变革所带来的颠覆性效应。百视达（Blockbuster）[1]在与奈飞（Netflix）[2]的竞争中一败涂地，诺基亚手机被苹果的iPhone取而代之，实体书店如博德斯（Borders）[3]在亚马逊的重重挤压之下最终落得个销声匿迹的下场……新崛起的公司蓬勃发展，导致老牌公司纷纷倒闭的例子比比皆是。

如今的企业并不能闲坐下来慢慢发展，因为竞争就在眼前。随着技术创

---

1 一家以家庭电影和视频游戏租赁服务为主的美国基础供应商，其前身为百视达娱乐公司。该公司主要业务为录像带和DVD出租、流媒体、视频点播和电影院租赁。在2004年高峰期，公司拥有6万名员工和超过9000家门店。此后由于受到来自奈飞和红盒子公司的竞争压力，百视达失去了大片市场，该公司在2010年9月23日申请破产。——译者注
2 一家会员订阅制的流媒体播放平台，成立于1997年。迄今为止，奈飞已经连续五次被评为美国最受用户欢迎的网站。用户可以通过PC、TV及iPad、iPhone等设备收看奈飞提供的电影、电视节目，也可以通过Wii、Xbox360、PS3等设备连接TV。——译者注
3 曾为美国第二大连锁书店运营商，2011年2月申请破产。——译者注

新的成本呈指数级下降，竞争对手可以轻而易举地推出更为优秀的替代方案。想一想，易贝（eBay）曾经花费几年时间才打造出一个电子商务平台，而今在Shopify上几分钟内就能搞定。

那些各行各业的佼佼者们，充分理解用户体验的威力，充分利用用户体验的力量，不断推出卓有成效、功能强大、令人满意的解决方案以取悦他们的用户，他们将在这股数字化浪潮中一飞冲天。这是本书的基本论点。那些对用户体验置之不理或者漠不关心的公司将会被时代抛弃。更具讽刺意味的是，被抛弃时他们还对此懵懂未知，还不知道他们已经错过了十年一遇的大好时机。

第4章

用户体验价值链
——通过解决用户体验问题创造商业价值

企业在其数字生态系统的建设中，越来越聚焦投资于以用户为中心的体验设计。伴随着这一转变，他们需要通晓随之而来的赢得用户，为企业创造源源不断的商业价值的各种方法。我称之为"用户体验价值链"。

在数字化技术和系统的大环境下，企业可以通过以下三种方式为自己实现增值：

- 第一层级：界面级别的用户体验，可以简称为Screen UX或UI。
- 第二层级：产品级别的用户体验，可以简称为Product UX或PX。
- 第三层级：体验转型级别的用户体验，可以简称为Organizational UX或者XT。这个级别表明，以用户为中心的体验设计正在促使组织生态系统的各个方面都在有意识地发生转变。

下图展示了三个级别之间的差别：

用户界面设计

在UI级别运营的组织为各种数字化形态（移动、桌面、web、云上设备、交互式语音应答、信息亭、平板电脑等）设计用户界面，专注于价值创造。

他们专注于具体的设计任务，例如：

- 优化界面，确保用户仅凭直观印象就能完成所需的操作。
- 设计出引人入胜的UI外观。
- 在整个系统中保持前后一致的视觉效果。
- 通过各式各样的布局元素、层次分明的界面布局来设计每个界面。
- 实施A/B测试，精挑细选出最优的界面效果。

UI设计至关重要，它是用户对于任何数字系统的底线要求。诚然，这是一个需要重点关注的、专业技能支撑的基础领域。然而，遗憾的是，大多数组织都认为只要做好UI设计，就能构建良好体验。他们并没有意识到UI其实只是皮毛。

产品体验设计

处于产品体验设计级别的组织，致力于厚植对于产品及其相关系统的深入理解，同时将其与用户意图不断印证。他们的设计师训练有素，按照统一的要求，他们在关注UI之前必须考虑数字产品中的用户及其应用场景。对于业务规划以及有关设计问题的优先级设定，他们都有直接的影响力。从PX级别关注用户体验，将为组织创造出全新的价值。

处于PX级别的设计师，除执行界面级别设计任务外，还需要关注如下的重要问题：

- 优化整个产品中用户交互的流程。
- 确保产品以多种方式满足用户的意图。

- 了解用户的行为模式及其原因，以便为UI设计提供更为翔实的信息。
- 基于用户需求与痛点设计产品的概念原型，用于用户测试。
- 了解用户生态系统，能够鉴别设计解决方案是否恰如其分。
- 与产品部门携手合作，共同促进系统建设。

业界普遍存在着一种误解，认为用户界面设计等同于用户体验设计（特别提示：设计师在陈述个人技能时不要使用"UI或UX"这些术语，这恰恰表明你对这一行只是一知半解）。PX级别的设计师是跨职能协作的"催化剂"，确保整个产品开发团队始终如一地贯彻"用户至上"的原则。

体验转型

体验转型建立在用户界面设计和产品体验设计所奠定的关键基础上。XT级别要求所有部门都要参与用户体验中的每个接触点的设计、协调和优化工作。用户在使用产品时，在呼唤技术支持时，在参与客户成功[1]活动时，哪怕是从其他产品转而使用本产品或者是与系统集成商合作时，他们的体验都应该是一致的、最重要的、愉悦的。

想要在这一级别上取得优异成果，设计师必须高度关注业务转型，整个组织上上下下都在为给用户提供最佳体验而竭尽全力。简而言之，从董事会成员到新来的实习生，每个人都应该在如何有效利用对用户的深刻洞察方面保持一致，每个人都在努力做好以下事情以充分发掘业务价值：

- 组合运用各种方法，深入洞察用户，在组织内部就用户洞察的结果展开充分交流，帮助整个组织整体建立对客户的同理心。
- 与并购团队合作，从其他企业并购业务的经验中汲取营养，特别是如

1　客户成功（Customer Success）指的是一种业务方法，赋能给你的团队采取主动积极的行为，确保客户在使用你的产品和服务时获得成功，满足其期望的结果。有效的客户成功策略通常会减少客户流失，而向上销售的可能性增加，从而提高客户的生命周期价值。——译者注

何利用并购有效提升公司整体在体验设计方面的能力。

- 与市场部合作,确定用户受众群体以及如何与他们有效沟通。
- 与销售团队合作,从以用户为中心的体验角度出发,定义如何设计产品,并确定如何以最优方式让用户尝试和购买产品。
- 向董事会报告体验转型的业务影响。

在XT级别,组织的方方面面都以用户及其体验为中心。而且,由于这些体验已经超越了产品本身,延伸到了客户与公司的整个交互过程,因此即使竞争对手能够找出每一次迭代背后的原因,他们也需要耗费数年才能有效复制。XT级别的变革需要组织在人、流程、思维模式和环境方面发生根本性的转变,而这一转变又可以创造出难以估量的价值。

> **划重点:数字化转型是生存的必由之路;**
> **体验转型是繁荣的必由之路。**

旅程才刚刚开始

尽管XT级别的用户体验可以收获丰厚的潜在价值,但在以设计和构建用户体验为中心的生态里,大多数组织仍然处于早期阶段。在研究了100多个不同的组织之后,我发现体验价值链上的各类型企业的分布如下:

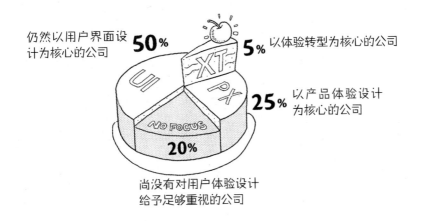

重视用户体验设计的公司和尚没有重视用户体验设计的公司之间存在着巨大的差异。

本书的目标正是促使绝大多数组织能够有意识地、卓有成效地构建体验价值链，从而为组织带来丰厚的业务价值。

在创造价值的同时为组织修筑经济护城河

投资大师沃伦·巴菲特（Warren Buffet）经常强调"经济护城河"对于企业长期成功的重要性。"投资百科"（Investopedia）[1]对"经济护城河"的定义为：一个企业保持相对于竞争对手的竞争优势的能力，以保护其长期利润和市场份额不受竞争企业的影响。

有趣的是，如果一家公司沿着体验价值链的三个级别发展，那么它不仅可以实现业务增值，还能为自身修筑起对竞争对手而言越来越难以逾越的护城河。

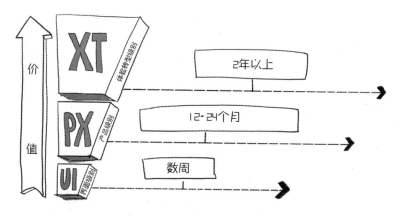

- 从竞争的角度来看，UI设计可以很容易地被别有用心的竞争对手在几个月内复制。只要他们仔细检查你的产品或服务，就能开发出类似的

1　目前最大的国际性金融教育网站之一，收录的词条已经基本涵盖了一名本科金融学生所需要了解的所有金融知识。——译者注

产品或服务。

- 但当你开始考虑PX级别的用户体验设计时，竞争对手需要12~24个月才能达到同等水平。这是一项成效显著的投资。

- 更有甚者，当你开始实践XT级别的用户体验设计时，你将会创造出令人耳目一新的用户体验，竞争对手需要努力多年才能复制，因为这需要在组织的优先级排序、价值观和技能方面发生根本性的转变。

- 也许，最重要的是，在重视XT级别的用户体验设计的组织中，用户体验设计可以跟随着用户及其需求的变化而持续改进。竞争对手被迫不断追赶，疲于奔命。这就是一条经济护城河。

> 划重点：解决体验问题，实现业务增值。

第5章

不经之谈
——做着同样的事情，却期盼不同的结果

在商业世界中，每天都会出现以下这种荒谬的现象：在追求最佳用户体验的过程中，组织会反反复复犯同样的错误，却没有意识到自己做错了什么。

经常会看到这样一些企业：雇用几名设计师，或者委托一家设计机构，或者听从一名夸夸其谈的所谓"专家"的建议，认为靠着他们的带领就能够解锁业务增值的秘籍，经营业绩从此蒸蒸日上。事实上，要想获得漂亮的业绩数据，企业要做的事情远不止这些。企业首先需要了解以下内容：

正确理解"用户体验设计"的含义，就掌握了成功秘籍

用户体验设计是一个精心构建的术语。"用户"在前，"体验"居中，"设计"殿后。遵循这个排序就是做好用户体验设计的成功之道。然而，大多数组织首先考虑的并非"用户"或者"体验"，而是围绕其技术能力进行设计。

40%的产品是在没有考虑任何最终用户诉求的情况下开发的。无独有偶，35%的新产品创意和初创企业由于产品与市场不匹配而一败涂地。组织耗资数十亿美元却都打了水漂，既浪费时间又浪费机会成本。如果组织想要取得辉煌业绩，想要为股东创造价值，那就需要迅速改变其运作方式。

案例分享：百亿英镑买来的教训

在2002年，英国政府启动了一项总价高达127亿英镑的IT项目，用来集中管理全国患者的健康记录。然而在经历多年的拖延之后，该项目终因技术上困难重重，成本不断飙升而在2011年不得不宣布放弃。时任英国卫生部部长的安德鲁·兰斯利表示：该项目的失败源于"自上而下的IT系统并不符合用户的需求"。金玉其外，败絮其中的项目浪费了上百亿英镑，这笔巨款原本可以用来帮助患者和医疗工作者。

错误的解决方案代价巨大。只有那些坚持"用户在先，体验居中，设计殿后"原则的公司才能开发出用户真正想要和需要的产品，因为正确的语义序列保障他们做出正确的事情。

内部优先与用户优先

在追求快速开发和交付产品的过程中，大多数组织都会犯错误，朝着错误的方向进行创新。他们都是依照"内部优先"的原则着手实施项目的。

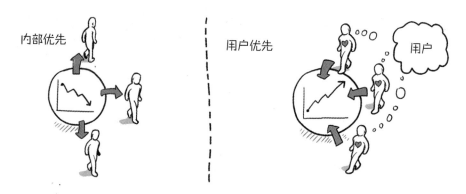

在"**内部优先**"的组织中，内部干系人[1]利用其商业直觉、技术、流程和销售机制，尝试为其最终用户设计和开发解决方案。通常，他们在界定问题时会做出如下陈述：

- 几周后我们将发布一个重要版本，所以，有关用户体验的问题能否先放到一边？
- 竞争对手刚刚推出了一款移动产品，我们也可以创建一个吗？
- 销售伙伴说我们的产品看起来很陈旧，该如何重新设计它？
- 我们的工程师已经准备就绪，你制作一个线框图需要多久？
- 我们能否像这家公司一样也构建一个分析类产品？
- 首席产品官说我们需要添加这些界面，你能设计出来吗？

如果看到以上论调，那就表明这是一家"内部优先"的公司。没有任何UX设计师、设计团队或者UX设计公司能够在这种情况下真正展现其价值，因为这些组织的目标是快速设计、创建交付物。

相比之下，"**用户优先**"的组织在做出任何有关商业、设计、工程、营销、销售或产品的决策之前，都会深入了解并全面考虑用户及其体验。他们在界定问题时会做出如下的陈述：

1　按照美国项目管理协会编撰的《项目管理知识体系指南》中的定义，干系人是指"积极参与项目或其利益受项目实施或完成的积极或消极影响的个人或组织（如客户、用户、发起人、高层管理员、执行组织、公众或反对项目的人）"。——译者注

- 能否研究一下迄今为止我们还没有实现的用户需求，并将其纳入我们的战略规划之中？
- 用户对"用户引导流程"的体验还有问题，我们可否进一步设计并迭代？
- 我们发现了一个用户问题，你能否帮助我们进一步研究并开发出一个原型以供我们测试？
- 我们该如何协调各个部门的工作流程，以便提供无缝的用户体验？

用户至上的组织才能有效创新，才能在市场上大展宏图。遗憾的是，太多的组织犯下了内部优先的错误，而且每次都犯同样的错误却还期盼得到不同的结果。

微观设计与宏观设计

如前所述，产品设计是用户体验设计的后续组成部分，也是一个至关重要的组成部分。太多组织沉迷于设计工艺，而忽视了更为宏观的产品设计。虽然设计工艺也是一个关键要素，但是我们可以从生态系统的角度做一个比喻：不能"只见树木，不见森林"。

富有远见的太空探索技术公司（SpaceX）创始人埃隆·马斯克（Elon Musk）授予自己"首席设计师"的头衔。他指出：我们必须认识到，这个世界上的一切事物，都是设计出来的——从商业到个人，从安排一场家庭聚会到重构公司的组织架构，甚至将人类送往火星，莫不如此。

适应宏观设计的组织注定要比只专注于微观设计工艺的组织更具思想性和灵活性，因为他们拥有更高的追求，他们坚持不懈地努力理解用户的意图、需求和目标，同时将这些要素与业务需求和业务成果紧密连接起来，为用户及其所处的生态系统创造价值。

记住，每个正在设计的系统都有其用户，有其相关的生态系统，以及相关的约束条件和机会。秉承宏观设计理念也为建立人人平等的组织文化奠定了基础。在这种文化中，设计是每个关心用户及其体验的团队成员的分内职责。宏观设计是站在全局的高度上全面考虑体验设计问题。

小贴士

以任何对象、事物、服务或系统为例，运用逆向思维技术：确定设计师想要解决的所有可能的用户需求和问题，以获取你的解决方案，即设计师在创建任务时试图解决哪些问题，例如：

- 社会制度，例如美国宪法。
- 事物，例如订书机。
- 数字化界面，例如登录界面。
- 人工制品，例如航空公司的登机牌。
- 生物活体，例如蝴蝶。

这项技巧练习将有助于你掌握宏观设计的思维模式。初见成效的时候，你会意识到，其实"设计"就是一种思维模式。组织如果能够实现这种思维模式的转变，就能够通过用户体验设计释放出创造价值的全部潜力。

因为拙劣的用户体验设计而背负债务

为了尽快推出一项功能，公司经常被迫做出妥协。通常这意味着他们无法为特定用户解决所有已识别出来的有关体验的问题。即使他们已经为这些问题找到了很好的解决方案，时间紧迫或者技术匮乏都会成为阻止他们实现这些解决方案的理由。

每一项延迟推出的解决方案都会成为企业欠用户的债务（我们不妨称之为"体验之债"）。在大多数讲求实用主义的组织中，这是可以接受的，也是正常的。然而，当这些债务开始不断累积的时候，会对整个企业造成不利影响。

在用户体验上债台高筑的组织很容易被竞争对手打乱步调。竞争对手会仔细观察问题，从头开始稳扎稳打地推出产品或服务，从而打造自己的优势。此外，体验之债会严重损害用户忠诚度——用户会去尝试那些可以为他们提供更好体验的产品。

遗憾的是，太多企业并没有意识到在用户体验方面他们已经负债累累。债务就像一颗定时炸弹，即使碰到最体贴用户的体验设计目标，它也会爆炸。

第6章

见贤思齐
——体验转型的两个成功案例

理解体验价值链固然重要，理解为什么大多数组织都无法从中攫取价值也很重要，但一些组织已经成功实现了这一目标。

让我们仔细研究两家著名的公司，特斯拉公司和迪士尼公司。这两家公司都应用了本书中论述的许多思想与实践，并且每一家都颠覆了各自的行业（迪士尼公司更是颠覆了整个世界）。当然，在当前的商业环境下，体验转型是一段永无止境的旅程，正所谓学无止境，前进的道路上需要持续改进和调整。这两个案例足以成为你的指南。

特斯拉

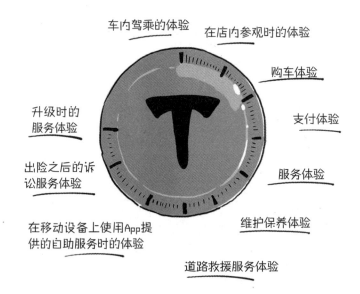

作为一家汽车公司，特斯拉的与众不同之处并不仅仅在于它采用全电驱

动。作为行业的后来者，它成功地将深思熟虑、面面俱到的体验设计与颠覆性技术结合起来，从而获得了相对于竞争对手的显著优势。尽管许多车型都在采用溢价方式定价，特斯拉汽车依然供不应求，以至于该公司的产能一直处于短缺状态。截至2021年8月，特斯拉3型汽车需要4~6周的等待时间，特斯拉X型更是需要5~6周。虽然贵为客户的宠儿，特斯拉汽车本身也不过是一套卓越的体验生态的一部分，而这套生态始于从潜在车主开始考虑购买此车的那一刹那。

更好的购买体验

如果只能选择一项服务对它的体验进行重新设计，那就选择买车服务吧。在传统模式下，销售人员在佣金与销售业绩的重压之下，不得不跟消费者进行剑拔弩张且旷日持久的谈判，这让消费者感到寒心。DrivingSales 的一项研究发现，99%的汽车购物者在开始购买之旅时就会感到沮丧。这是一种充满信任危机的体验：一半的消费者表示，如果经销商在出价前要求他们试驾，他们情愿转身离去；还有43%的消费者表示，如果经销商要求他们提前提供个人信息，他们也会逃之夭夭。相比之下，同一项研究报告称，如果流程简单，56%的购车者会倾向于购买汽车；如果体验更好，汽车销量可能会增长约25%。

> **划重点**：99%的汽车购物者在开始购买之
> 旅时就会感到沮丧。

特斯拉充分消除购车过程中的诸多痛点从而做到与众不同。首先，他们采用向客户直销的方式，而不是授权独立经销商销售产品。这样他们能够全面控制面向客户的生态系统，包括：如何展示自己的车辆，员工如何表达有关公司及其产品的信息。

当客户准备购买特斯拉汽车时，他们会使用店内的数字设计中心，注意在这里是不可以议价的。客户也可以选择在特斯拉的网站上远程购买汽车，就像在线购买一台笔记本电脑那样进行相同的定制。特斯拉有一个交付团队，负责指导客户完成付款、文件签署和交付工作。当车辆准备妥当之后，客户可以在线签署所有文档，并可以从经销商处取车，或者按照他们的选择将车交付到方便的位置。

这种重新焕发出活力的购车体验充分展示了特斯拉对于用户同理心和体验的生态系统的深刻理解。而这几方面内容恰恰就是本书中将要使用浓重笔墨去描述的（第14章："用户同理心"和第18章："体验的生态系统"）。特斯拉借此与它的客户建立起亲密无间的纽带。这种日积月累而产生的同理心，可以使得品牌领导者能够为客户规划出最佳体验，在每个接触点上都做出精美的设计。从潜在客户考虑买车的那一刹那，特斯拉就做好每一步的规划，让客户充分享受作为车主的尊贵体验。

在产品生命周期内延续不断的体验

特斯拉的优质体验不会在客户拿到新车之后就戛然而止。相反，这才是客户对特斯拉的体验真正开始飙升并感到无比愉悦的时刻。利用技术优势，特斯拉可以不断创新，为客户不断创造出更好的体验，例如，客户在家就能享受的远程在线软件更新，这是其他公司远远无法企及的——大约80%的维修都可以远程免费完成，这对于那些讨厌在汽车维修店浪费时间和金钱的人来说不啻为巨大的诱惑。当车辆需要进维修中心维修时，维修速度通常比传统维修店快四倍（注意：在为经销商员工设计体验时，同样需要小心翼翼）。当然，单凭技术并不能创造出这样出类拔萃的体验，伟大的体验可不是偶然发生的，而是经过精心设计的。

这种精雕细琢的设计可以立即体现在汽车的物理设计元素中。以将极简主义发挥到极致的特斯拉3型车为例，它是特斯拉设计美学的典范，凸显特斯拉的设计理念，即汽车不应复杂。一旦进入车内，一个大型触摸屏取代了所有的传统控制旋钮和按钮。（车内唯一熟悉的按钮是启动挡风玻璃上方危险指示灯的控制装置。）

特斯拉更微妙的设计元素体现在驾驶体验中。操作系统中有一系列彩蛋功能，不断给客户带来惊喜。以"寒冷天气驾驶模式"为例，它提供了一个更为平稳的爬坡速度，旨在帮助驾驶员避免无意超速的危险。还有一些设置允许家长监控青少年驾驶时的速度和位置。触摸屏有许多可用的快捷方式，可以更方便地访问某些控件。温度、音乐和导航等功能还可以通过语音激活。由于汽车的大部分功能都由操作系统控制，因此每次系统更新都会改善驾驶体验。这种迭代方法特斯拉很早就开始采用了。早在2012年特斯拉发布S型汽车时，他们向早期采用者[1]售出了100000辆，这使他们能够在不断迭代汽车创新设计的同时，从一批驾驶员那里获得深入而详细的反馈。

> **划重点：特斯拉操作系统中有一系列彩蛋功能，不断给客户带来惊喜。**

"显然，我们无法在规模上与大型汽车公司竞争，"首席执行官埃隆·马斯克在谈到特斯拉时说道，"所以我们必须靠智慧和敏捷来取胜。"这种敏捷性也反映在他所创造的企业文化中，特斯拉倡导："任何人都可以（而且应该）根据他们认为最快捷的方式（无论是通过电子邮件还是当面交谈）来解决问题，为整个公司谋福利。而且，你应该认为自己有义务这样做，直至正确的事情发生。"

这表明：特斯拉采用了一种组织型的设计思维，使得全公司上上下下都

---

1 早期采用者（Early Adpoters）是指新产品或新技术推广初期最先应用的消费者群体。这部分消费者对新产品有比较强烈的消费欲望，是对新产品、新生事物感兴趣并购买的积极分子。早期采用者与创新采用者（Innovation Adpoters）一样，人数也较少。但对于带动其他消费者购买新产品有重要作用。最早由杰弗里·摩尔（Geoffrey A. Moore）在其代表作《跨越鸿沟》中提出。——译者注

能够广泛推行创新战略，使得遍布世界各地的消费者能够收集、管理和储存自己的电源（特斯拉研发的家用太阳能电池板和电池已经在开展这项工作）。利用"设计要解决的问题，设计要抓住的机会"（参见第34章："设计要解决的问题，设计要抓住的机会"）可以将这种思维付诸实践——首先确定真正需要解决的问题，然后找到有利于组织及其客户双赢的解决方案。特斯拉完全废除了过时的业务层级，专注于解决内部和客户的问题，因此形成了独一无二的竞争优势。

优质的设计就是优质的业务

尽管盈利能力不稳定，尽管豪华车型存在质量问题，生产进度缓慢，特斯拉依然很快成为全世界最有价值的汽车制造商。他们的成功加剧了电动汽车领域的竞争，但没有其他汽车制造商能够与之匹敌——特斯拉通过超凡的工程能力和体验设计构筑了一条"护城河"。尽管奥迪、捷豹和保时捷在近期都纷纷推出了全新的电动车型，还有像雪佛兰博尔特（Chevy Bolt）和尼桑聆风（Nissan Leaf）等更为经济实惠的车型，但它们加在一起也几乎没有在特斯拉主导的美国市场上取得什么进展。

《美国人车志》[1]评论道："特斯拉类似苹果的'一站式体验'对车主来说是一个巨大的诱惑。特斯拉在电动汽车购买和使用方面的所有做法，包括销售、购车贷款、服务、快速充电以及为实现快速充电而设定路线规划等各个方面的能力，都会成为绝大多数车主购买另一辆特斯拉的理由。"

这种类似苹果的用户体验是传统汽车制造商难以复制的技术生态系统。事实上，特斯拉的整个商业模式都是围绕着使用技术来设计良好的所有权体验和驾驶体验而构建的，这使得他们相比那些进入电动汽车市场的传统汽车制造商而言拥有巨大的优势。即便与那些理念相似的新晋竞争对手相比，例

---

1 《美国人车志》始创于1955年，在全世界很多国家都是最著名和最权威的有关汽车的杂志之一。——译者注

如瑞维安（Rivian）或者极星（Polestar），特斯拉依然遥遥领先。极星的美国业务负责人格雷戈尔·亨布罗（Gregor Hembrough）最近向《纽约时报》承认："现在，这条赛道上只有一个玩家（特斯拉）。"

迪士尼公司

华特·迪士尼（Walt Disney）被誉为世界上的第一位体验设计师是有理由的。根据历史学家山姆·根纳维（Sam Gennawey）的说法，"迪士尼的过人之处在于既能够有效地利用技术，又能够让技术不露痕迹地隐身于幕后，这样一来故事本身及其相关体验就能充分展现在观众面前"。

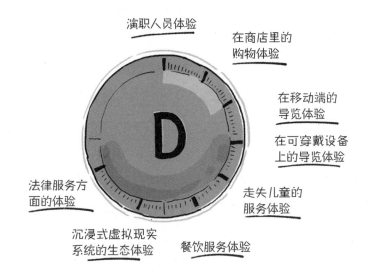

这仍然是现代体验设计的指导原则之一——"最有效的技术是你从未注意到的技术，"根纳维说道，"华特·迪士尼是最早找到这一方法的人之一。"

华特·迪士尼所表现出的众多策略和特质，使他成为一名思维敏捷的体验设计师与商业领袖。事实上，他用到的几乎所有的思维模式，你都将在本书中读到。

> **划重点：最有效的技术是你从未注意到的技术。**

设计师心中自有沟壑

对你有用但又不会打扰到你的技术，才是你想要使用的技术，这是驱动体验设计的核心思想之一。此外，还有一个核心思想：为了能够创造出持续奖励用户的技术，技术必须能够随着用户需求和行为的变化而不断发展变化。对这些思想，华特·迪士尼本人都了然于胸。

早在1966年，华特·迪士尼就将迪士尼世界的"未来世界"计划描述为"一个始终处于发展状态的实验原型，一个可以利用最新技术改善人们生活的地方"，这种思路正是设计思维的核心。（参见本书第8章："以用户为中心的组织的思维模式"）

华特·迪士尼一直致力于推动将科技作为一种手段，以故事的方式来增强用户体验。例如，在《白雪公主与七个小矮人》上映之前，为了能够让动画师检验用来制作水中特效的最新技术，迪士尼公司制作了一部名为《老磨坊》的短片，该片同时还用了一台帮助动画师们制作景深效果的新型多平面相机。

华特·迪士尼尤其醉心于将"司空见惯"化为"不同凡响"，这正是他的系统性思维（参见本书第8章："以用户为中心的组织的思维模式"）得以散发光芒的地方。"把这个过程想象成一个火车引擎，"华特·迪士尼说道，"如果发动机运转不正常，那么无论列车长的行为多么友善，火车看起来多么引人注目，火车都不会移动，乘客也不会付车费。流程就是优质服务的引擎。"一个定义良好的流程可以促使整个系统正常工作，而当该流程协调一致可以向用户提供最佳体验时，伟大的事情注定就会发生。

划重点：流程是优质服务的引擎。

无限关注细节

早在20世纪50年代初，在设计这座开创性的主题公园时，华特·迪士尼和他的设计师团队就以精益求精的态度来对待公园内的每一个细节。在追求优秀设计方面，华特·迪士尼以身作则：他让承包商用熟铁代替塑料；他精心计算垃圾桶与垃圾桶之间的步数以减少客人乱扔垃圾的可能性；他隐姓埋名参观公园以测试体验……这些故事后来举世皆知。

此外，在追求完美设计方面，华特·迪士尼从未止步不前。他总是要求他的团队做得更多。在他的主题公园中，还采取了"加值[1]"的形式，逐步改善体验的各项细节与元素。用现代术语来说，迪士尼在不断迭代。他并不是在"添加更多的东西"（尽管很多公司都这么做），而是在想方设法地让优秀的体验变得更加优秀。比如：在"加勒比海盗之旅"中，游客会在震耳欲聋的逼真音效中感到不安；运用电子仿生系统制作出来的Tiki鸟可以做出几十种不同的姿势；在"丛林巡游"等游乐项目开放之前，他们会邀请自己的朋友或家人乘坐以获得反馈，并对体验进行微调。

这种对细节的关注是体验思维的命脉（参见本书第8章："以用户为中心的组织的思维模式"），至今依然存在于迪士尼主题公园中。以下文字摘自迪士尼公司关于完善客户服务艺术的手册《成为我们的客人》：

"……当你在迪士尼乐园漫步时，周围音乐的音量不会改变，永远不会。15000多个扬声器已经使用复杂的算法设置好了定位，以确保在整个公园范围之内，无论你身处何地，听到的音乐的音量变化仅仅在几个分贝之内。这在声学、电子和数学上都是一项技术壮举。"

由华特·迪士尼开创的"无限关注细节"精神在他去世之后得到传承和发展。他的想法，他带来的变革，与他创造的设计文化充分结合并持续改进，创造出一个生机勃勃、不断发展的主题公园生态系统。

不断发展的主题公园体验

迪士尼主题公园生态系统的最新变革是MyMagic+项目，这项耗资10亿

---

1 迪士尼公司文化中非常重要的部分，如果有件事可以做得更好，就要着手改进，永远要给予顾客意料之外的、超乎寻常的体验。——译者注

美元的大规模项目彻底改造了迪士尼主题公园的数字化基础设施。时任首席执行官的鲍勃·伊格（Bob Iger）可不是一个在技术投资上畏首畏尾的人。他提出了一个愿景："拥抱技术，积极利用技术来提高迪士尼产品的质量，从而提升消费者体验。"（参见本书第19章："体验路线图"）事实上，MyMagic+项目投入使用之后将发生根本性的转变：不再提供一刀切式的体验，不再将游客视为一大群人。

> 划重点：这是一项根本性的转变，不再提供一刀切式的体验，也不再将游客视为一大群人。

在投资获得批准前后，当时迪士尼主题公园的一些有关游客体验的关键指标，如"再次游玩意愿"，都在下降（参见本书第28章："体验设计的指标"）。游客的痛点很多，例如，等待时间过长、票价过高。迪士尼公司希望利用MyMagic+项目的技术改善主题公园的体验，将更多游客发展成为回头客。

MyMagic+项目的核心是MagicBands，这是一种带有射频识别技术芯片的可穿戴腕带，可以跟踪客人的运动轨迹并存储个人信息。在游客入住酒店和进入主题公园的时候，只需用MagicBands轻触射频识别技术阅读器即可支付食物和商品的费用。在MagicBands投入使用之后，旋转闸门处的等待时间缩短了30%。游客现在无需等待，可以通过快速通行证进入公园，更畅快地游玩他们喜欢的游乐项目，而且他们再也不用掏出信用卡来支付食品和商品的费用。MagicBands还可以跟踪客人的位置和运动轨迹，迪士尼园区内的传感器可以让运营部门知道某个区域是否过于拥挤，然后采取相应的行动，要么让卡通人物巡游，要么开放快速通行通道。MyMagic+项目的投入效果如何？即使在最繁忙的日子里，5000多名游客依然可以畅快地进入公园。

> **划重点**：在MagicBands投入使用之后，
> 旋转闸门处的等待时间缩短了30%。

因为MyMagic+项目的魔力，一个涉及演员、组织自身、系统和技术的庞大的生态系统得以建立（参见本书第18章："体验的生态系统"）。在后台，超过70000名员工接受过技术培训，另外还有28000间酒店房间配备了射频读取设备。此外，MyMagic+项目已经整合到整个主题公园的景点中，以便游客在"未来世界"的测试跑道景点上定制虚拟汽车的颜色、形状和引擎型号。

创造更高价值，获取更多利润

在推出许多动画短片并大获成功之后，迪士尼公司拍摄了电影史上的第一部长篇动画电影——《白雪公主与七个小矮人》。然而，一些亲密合作者认为，这部长篇动画会毁了华特·迪士尼蒸蒸日上的事业，因为迪士尼已经创建了一个很有前途的动画明星米老鼠，但是《白雪公主与七个小矮人》一片却与这颗新星毫无关联[1]。这部电影也远远超出了最初的预算，需要150万美元。华特·迪士尼不得不抵押自己的房子才得以完成。他之所以给自己和团队施加如此大的压力，是因为他渴望给观众带来前所未有的体验。最终，这部电影取得了惊人的成绩，首映期间即在国际上赚了800万美元。

> **"划重点：迪士尼渴望给观众带来前所未有的体验。**

在1940年制作故事片《幻想曲》[2]时，迪士尼耗资约20万美元开发了第一套立体声音响系统，为观众带来身临其境的观看体验。这首配乐是跨多个音频频道录制的，并用"幻想声音响（Fantasound）"实现了复制工作。幻想声音响是迪士尼与美国无线电公司合作开发的革命性音响系统，是环绕立体声的早期先驱。

一直以来，迪士尼秉承的商业思维（参见本书第8章："以用户为中心的组织的思维模式"）就是通过创新业务、为用户创造价值来实现盈利的。在迪士尼主题公园里，为了能够带给游客完美的轻松体验，让那些不苟言笑的成年人也可以放下身段，成为公园中永不落幕的故事之旅的一部分，华特·迪士尼孜孜不倦地从事幕后工作。最终，游客不仅愿意为这些体验付费，而且心甘情愿地支付更多。迪士尼公司宣称，首次观光主题公园的游客中有70%的人都会重返——毫无疑问，他们正在积极努力提升这一比重。

---

1 1923年，华特·迪士尼与他的哥哥罗伊·迪士尼创立了迪士尼兄弟制片厂，1925年，改名为华特迪士尼制片厂。1928年，华特·迪士尼设计出了米老鼠这一角色，并以它为主角拍摄了电影史上的第一部有声动画片《威利汽船》，广受欢迎，反响空前。《白雪公主与七个小矮人》拍摄于1937年，并于1939年获得奥斯卡特别奖。——译者注
2 迪士尼在1940年11月13日推出的世界上第一部使用立体音响的电影。它是一部古典音乐动画片，共包括8个段落，这8个段落分别对应8首不同的乐曲。该片获得1941年度奥斯卡特别奖。——译者注

重塑迪士尼商店体验

在这个消费者越来越倾向网上购物的时代，迪士尼公司耗资4.8亿美元试图将消费者重新吸引回实体店。该公司对其零售商店进行了大刀阔斧的重新设计，使购物者感觉他们是在迪士尼主题公园里度假，而不是购物。迪士尼公司零售业务执行副总裁保罗·盖纳（Paul Gainer）在接受采访时表示："我们知道，随着零售业的变化，我们需要提升和改善我们商店和线上的购物体验。"

在全新设计的商店中，巨大的视频屏幕将实时播放迪士尼主题公园巡游实况。孩子们可以与达斯·维德（Darth Vader）[1]作战，也可以与迪士尼动画系列中的角色互动。触摸屏让顾客可以选择自己的迪士尼音乐，而魔镜则让游客觉得迪士尼的公主就像跟站在面前的孩子对话。

高科技带来的革新为成人和儿童创造了一种更加愉快、互动性更强的沉浸式体验。这是一项富有成效的商业投资。在改造之后，迪士尼商店的利润率提高了20%。在北美和欧洲，光顾迪士尼商店的顾客中，有90%的人都认为商店拉近了迪士尼品牌与他们的距离，这无疑将会给整个迪士尼商业帝国（横跨零售、主题公园、周边商品和娱乐等多个领域）带来涓滴效应。迪士尼公司向我们完美阐释了企业如何通过创造价值和向用户提供神奇体验以获得丰厚的商业回报。

---

1 《星球大战》三部曲里的主要反派角色。——译者注

通过体验设计实现增长

> 种瓜得瓜，种豆得豆，没有捷径。
>
> ——史蒂芬·柯维[1]

1　美国《时代》周刊评选的"25位最有影响力的美国人"之一，人类潜能导师，代表作为《高效能人士的七个习惯》。——译者注

第7章

正确运用系统的力量
—— 克敌制胜的四个关键因素

这是一个雄心勃勃的目标：坚定不移地以独特的用户体验为导向，从根本上重塑我们的组织，击败竞争对手，推动业务增长。那么我们该如何开始呢？

首先要从一个我们称之为bv.d的系统开始。它源自我在硅谷与一些大规模设计团队和组织合作时的经验。当我研究成功团队和失败团队之间的差异时，我发现导致差异的原因可以归结为四个关键因素。成功的团队都具备这四个关键因素，而失败的团队至少在其中一个方面有所欠缺。

bv.d = m.p.p.e（思维模式·流程·人·环境）

bv.d系统

业务设计价值（business value design，bv.d）由如下四个关键因素构成，这些因素同时也是一个组织跃升为一家体验转型级别的组织的关键：

- 正确的思维模式。

- 正确的流程。

- 正确的人。

- 正确的环境。

当拥有一群注重高效协作的员工，他们在注重相互扶持的环境中严格遵循流程工作，而且所有人都遵循共同的思维模式时，那就一定会取得突破性的成果。

各个因素之间都是相乘的关系，这代表着每一个因素都是建立在其他因素的基础之上的，然后产生指数级的业务价值，反之亦然，如果一个因素缺失或被忽视，整个系统将会举步维艰。接下来我们将逐一介绍每一个因素。

正确的思维模式

组织中的一切事物都以组织及其成员的思维模式作为出发点和落脚点。有效的思维模式可以应对大多数挑战，而一个无效的思维模式则会导致"一手好牌打得稀烂"的无奈后果。

以下五种思维模式可以创造较高的业务设计价值：

- 体验导向的思维模式。

- 设计导向的思维模式。

- 结果导向的思维模式。

- 业务导向的思维模式。

- 系统导向的思维模式。

我们将在第8章："以用户为中心的组织的思维模式"中更深入地挖掘思维模式的问题。

正确的流程

要想获得更好的业务设计价值，必须建立一个强有力、可复制、可理解、可持续和讲求实效的流程。而且，最为重要的是，该流程可以有效地为企业及其用户创造价值。流程需要建立在对用户的深刻同理心的基础之上，需要着重考虑战略视角、构思的一致性、设计的严谨性、协作、实施速度等变量，特别是企业治理[1]结构。

更多关于"流程"的信息，请参阅本书第9章："用户体验设计流程"。

正确的人

非洲有句谚语："养大一个孩子依赖全村人的努力。"这就是说，对每一个孩子的抚养和教育是整个村庄里所有人的职责和义务。同样地，想要提升业务价值，需要两大群体的同心协力。

第一类是实践者（我们称之为"体验设计师"），他们将必不可缺的领导力、关注点、技能以及责任感转化为实际的产品设计。第二类是所有与实践者并肩携手的合作者，以确保实践者的工作对业务和用户都能产生最大的影响。

更多关于"人"的信息，请参阅本书第10章："用正确的方法找到正确的人"。

正确的环境

要想实现更高水准的业务设计价值，最后一个重要的因素就是围绕系统的组织环境。

---

1 按照投资百科全书的定义，"治理"指的是指导和控制公司的规则、实践和流程的系统。拥有良好的治理结构是一个蒸蒸日上、蓬勃发展的组织的标志。

高效的环境是以对用户的集体同理心为核心的环境。从本质上讲，高效的环境就是协作的、多样化的，以及充满信任感的环境，并拥有共同的战略愿景，重视体验文化。在员工之间相互扶持的环境中，人们关心他们工作的结果，以用户为中心的想法更容易见效。

如果组织的环境不适合人们的发展，宏观设计思维就会立刻转变成微观设计思维，因为团队更关注产品属性，而非用户需求与期望。缺乏真正的目标会让人失去动力。更多有关信息，请参阅第16章："体验设计的文化"。

第8章

以用户为中心的组织的思维模式
——我们可以向15世纪的博学家学习什么？

越来越多的组织和设计师认识到：通过改善用户体验设计可以提升业务价值。于是，越来越多的组织需要将其工作重点转移到运用多种视角来解决用户的问题上，而不仅仅关注某种工具的使用。实际上，这需要他们着眼于问题的全局来整体考量解决方案。

要像15世纪意大利的博学家达·芬奇那样思考问题。

达·芬奇绘制了《蒙娜丽莎》和《最后的晚餐》等传世杰作。他还是一位富有远见卓识的发明家，绘制了飞行器和降落伞的草图。此外，他对人体解剖学也颇有研究，创作了"维特鲁威人"[1]的形象，因其在解剖学和数学上

---

1 达·芬奇根据古罗马建筑师维特鲁威所著的《建筑十书》绘出的完美比例的人体。这幅由钢笔和墨水绘制的手稿现存于威尼斯学院美术馆中。——译者注

的精准而著称于世。

今天，也有不少人一直致力于新学科、新领域的学习与探索。无论他是伟大的艺术家、工程师、生物学家，还是天文学家或数学家，他都需要像达·芬奇一样，把那些看似无关的领域中的要素连在一起，这是其他人力不能及的。我们这一代人中，能够像达·芬奇一样成功做到这一点的就是史蒂夫·乔布斯了，他对达·芬奇在艺术和工程技术中善于发现美的能力推崇备至。

掌握五种思维模式

在当今的数字化时代，如果想要具备像达·芬奇一样的能力，设计师及其合作者就必须以不同的方式处理每个问题。为了在当今节奏飞快的数字世界中取得成功，他们需要培养五种关键的思维模式，我们曾在上一章中提到过这一点，接下来我们将一一对其加以解释：

- 体验导向的思维模式。
- 设计导向的思维模式。
- 结果导向的思维模式。
- 业务导向的思维模式。
- 系统导向的思维模式。

1. 体验导向的思维模式：从"用户界面"到"用户体验"

首先要培养的就是"体验导向的思维模式"，用户最关注的莫过于体验。最优秀的用户体验简单、直观且有价值，能够让用户感到身心愉悦。

最优秀的体验是你甚至不需要考虑用户与用户界面的交互问题。最优秀的体验就像魔术，设计师会在设计系统的时候就为用户卸下所有沉重的负担。

要想具备这种思维模式，你需要倾尽全力以深入理解：

- **用户**：谁将使用你的团队设计出的产品或系统？
- **用户旅程**：他们将通过哪些步骤来达到预期的结果？
- **用户需求**：系统需要解决哪些问题，以及如何有效地推动问题得到解决？
- **用户的痛点**：为了达到预期的结果，必须消除用户的哪些痛点？
- **用户所处的情境**：用户使用产品或系统的情境是什么？

想要实现这一转变，设计师需要仔细筹划如何消除组织中的部门孤岛，因为这些是优秀体验的最大杀手。组织的结构、部门的管理方式，乃至你在组织中的位置，用户从不关心。用户所关心的仅限于他们与你的产品及其生态系统之间将产生怎样的交互，以及这些交互对他们而言是否是有效的。他们希望你能够仔细思考有关用户体验的方方面面，这样才能赢得他们的信任。

案例分享："屏幕登录"与"登录体验"

为了详细阐述什么是"体验导向的思维模式"，你可以进行一个简单的测试，请一位设计师设计一个"屏幕登录"功能，再请他考虑一下"登录体验"。如果问题被设置为"设计登录屏幕的功能"，他们会设计一个中规中矩的界面，通常需要显示用户名、密码、忘记密码、注册等。而当问题被设置为"关注登录体验"时，那么关注重点将会被转移到如何解决登录操作中的麻烦上来，例如，记住密码和安全问题的答案。事实上，最优秀的用户体验是让用户不必考虑这些琐碎的问题。这正是激发苹果设计团队创建移动设备的生物认证工具（Face ID）的要素。

小贴士

　　在你规划设计的任何东西上关注"体验"时，你关注事物的思维方式将会发生变化，就像刚才所举的例子，从关注"屏幕登录"功能转变为"登录体验"，同样的例子还有：

- 从"仪表板屏幕的设计"到"仪表板的应用体验"。
- 从"餐厅菜单的设计"到"餐厅菜单的阅读体验"。
- 从"登录页面"到"登录体验"。
- 从"入职流程"到"入职体验"。
- 从"会议议程"到"参会体验"。

2. 设计导向的思维模式：将同理心与试错活动联系起来

　　"设计导向的思维模式"常常被误解。对大多数人来说，"设计"一词常让人联想到设计的内在方面（我们可以称之为"微观设计"）。"微观设计"将形式置于用户需求和用户情境之上，而"设计导向的思维模式"则将设计视为解决特定问题的一种方式，即对当前系统的所有内在的和外在的变量展开测试。

　　这意味着设计师必须深刻理解用户，理解他们想要解决的问题，并围绕该问题进行构思和试错，然后才能找到真正的解决方案。

　　要想实现向"设计导向的思维模式"的转变，你需要做到：

- 对用户和用户旅程抱有同理心。
- 对问题进行结构化表达。
- 了解系统中起作用的变量（包括内在的和外在的两个部分）。
- 经过一轮轮试错活动，制作出原型，进行测试，然后迭代。

设计师需要做的一个巨大转变是首先要关注如何真正理解用户的需求，在真正理解用户需求之前先不要考虑如何美化界面。如果设计师花费太多时间考虑如何根据需求进行设计，那么工程师就要花费更多时间考虑如何构建功能、如何提升规格，产品经理则需要花费更多时间考虑如何将功能推向市场。

对于每一个设计问题，设计师首先要理解用户为什么需要解决方案，并尝试确定至少三种方式让用户达到预期的结果。

案例分享：仪表板屏幕的传奇

我们公司与一家名列"财富500强"的软件公司的合作经历正好完美地诠释了什么是"设计导向的思维模式"。客户的要求是设计一个仪表板屏幕，在这个"屏幕"上需要显示种类繁多的数据元素。我们很快将该需求重新定义为"仪表板体验"。

如果我们采用传统的方法（那也正是客户期望的那样），将首先在设计工具上处理这些数据，并处理诸如布局、层次、排版、可视化、颜色等变量。

但这种方法忽略了一组最为关键的需要：为什么目标用户需要查看这些信息？为什么他们会关心这些数据？他们想用这些数据做什么，也就是说，他们的真正目的是什么？

于是，我们没有采用传统的做法，而是运用同理心来理解我们的用户。我们采用用户访谈的方式来深入探讨"用户为什么需要仪表板"。结果我们发现：大多数用户其实并非需要所有的数据都展示在仪表板屏幕上。他们更关心结果以及系统在投入运行之后给他们带来的影响。所以，他们关心的只有三件事：系统的可用性、数据的质量和数据的影响。因此，我们将问题重新框定为"如何快速向不同用户展示在其工作环境中会对他们产生影响的重要数据"。

有了这些认知，我们尝试构思了各种呈现数据的方法。我们意识到：如果系统运行一切正常，那么目标用户只需要一封电子邮件来说明这三项变量都很正常即可，并不需要一个仪表板。在我们之间的合作结束时，我们围绕这三个变量重新设计了所有需求，帮他们重构了市场宣传材料以及界面展示元素，甚至为客户重新定义了"投资回报率"的计算公式。

虽然项目的进度因此而延迟了大约八周，但是它为客户赢得了比竞争对手领先好几年的优势。

设计导向的思维模式让我们能够利用同理心重新思考问题，并尝试各种解决方案，这将有助于我们找到更有效的解决方案。

小贴士

始终站在目标用户的角度思考与设计有关的问题，不要再使用解决方案方面的术语，例如，屏幕、浏览器、点击、表单和导航。我们需要考虑的问题是：如何理解系统可以为我们带来哪些价值？

3. 结果导向的思维模式：关注目标，而不是行动

用户体验设计师在组织中扮演着独特的角色——与客户保持接触、对问题的结构化表达、构思与设计解决方案。扮演好这一角色需要体验设计师保持结果导向的思维模式，承担全面解决与用户体验和业务相关的问题的责任，而不仅仅负责这一过程中某些零散的活动。我们来做个简单的对比：如果用户或企业中存在设计问题，那么问题在得到解决并验证之后，成果就得以显现，尽管这可能需要等上几天甚至几个月的时间；但是如果问题永远得不到彻底解决，那么成果就永远显现不出来。

我们的目标并不是为演示文稿设计六种屏幕切换效果从而给人留下深刻印象，而是从根本上解决一个问题——使用户可以直观地浏览复杂的页面，并且每次都能达成预期结果。

想要拥有结果导向的思维模式，设计师必须能够从以下两个方面清楚、可测量且可视化地表达出他们想要的结果：

- 你的用户。
- 你的业务。

为了形成结果导向的思维模式，设计师必须摒弃以过程数据来衡量影响度的做法（计算他们工作的时间、计算他们创建的屏幕总数量）。相反，他们应该使用结果相关的数据——设计师解决并验证了多少个用户关心的问题。

对任何一位供职于成长型组织的设计师而言，拥有结果导向的思维模式，还可以加快你在职业生涯中的成长速度。

案例分享：谁负责迁移计划？

在结果导向的思维模式方面，我曾受到的最深刻的教训来自与一家大型软件公司合作的经历。当时我们受命为其重新设计价值15亿美元的下一代产品。我们花了近18个月的时间来分解产品的各项功能与特性，并对其进行简化。

可当我们发布该产品时，我们才了解到，该公司用户喜欢他们看到的东西，但他们并不打算在不久的将来使用这些功能。这使我们感到困惑。后来，经过进一步的调查，我们才了解到，该公司用户曾花费了大量时间来安装和运行之前的产品版本，为了更新到最新版本他们不得不重复安装过程，这使他们感到索然无味。所以我们忽视了他们做版本升级时的体验。更为严重的是，当我们启动该项目时，并没有从整体上考虑输出下一代产品的一致性。在整个设计和开发过程中，所有设计师都只专注于自己的工作，而不了解如何从整体上把控如何给用户提供更为愉悦的体验。

如今看来，这种窘境本可以完全避免。如果我们团队都秉承结果导向的思维模式来设计产品，那么我们本应该在产品发布之前就认识到用户的困境。即使版本迁移的工作本不在我们的责任范围内，我们也要创建流畅的迁移工作流程。我们应当意识到新版本与老版本之间的一体化关系，这样用户才会愿意使用我们研发的简洁明快的下一代产品。

小贴士

为了实践结果导向的思维模式，请各个内部干系人一起想象并勾勒出在系统完成时，从用户和业务的角度看到的世界会是什么样子。如果他们能够清晰地表达出未来的状态，并且不知道自己的个人角色，那就说明预期的结果更有可能实现。在整个设计过程中，对照脑海中的画面，反复检查你所做的每一个决定。

4. 业务导向的思维模式：给我看看盈利！

对设计师而言，业务导向的思维模式意味着对这项认知洞若观火——企业存在的意义就是为用户创造价值，进而实现盈利。如果把体验导向的思维模式比作一支利箭，那么业务导向的思维模式就是靶标，在箭头射中靶标的那一瞬间就会产生丰硕的成果。

2007年1月，Adobe公司为摄影师推出了一款测试版产品Lightroom。之前，通过用户调研表明：许多专业摄影师只使用了Adobe Photoshop功能的一小部分。因此,这款轻量级的新产品一经推出就深受广大用户喜爱,马上为公司赢得了数百万美元的收入。

大多数设计师并不完全理解他们的公司所面临的来自用户侧的挑战——用户是否会接纳产品?用户满意度如何?用户的长期忠诚度如何?具备业务导向的思维模式的设计师则会对上述所有挑战一清二楚,并将其视为利用系统创造价值的机会。

为了用好业务导向的思维模式,设计师必须能够:

- 清晰地阐明企业的业务目标,并将自己的所作所为与重要的业务问题关联起来。
- 向用户阐明企业的价值。

案例分享:价值数十亿美元级别产品的诞生

某家开发协作软件的公司组织了一项用户调研,调研产品的用户组成。结果,调研团队发现,许多医生正在使用该产品,然而他们本不是该产品的目标用户群体。

调研团队秉承业务导向的思维模式,进一步询问这些不请自来的用户:产品还能为他们创造哪些价值。他们发现,在没有现有解决方案的情况下,医务人员正在使用该软件与全球其他医疗专业人员协作。但是,该产品尚未通过HIPAA[1]的认证。通过此次用户调研,该公司意识到:该软件的工作流增强功能非常符合医疗领域的特殊需求,所差的就是HIPAA的认证。于是该公司因势利导,创建了一份路线图来构建该产品线。此举帮助他们在价值数十亿美元的市场中抓住良机,瞄准需求。

---

1 Health Insurance Portability and Accountability Act/1996,Public Law 104-191,尚没有确切的正式中文名称,国内文献一般直接称为HIPAA法案,旨在保护医疗患者的敏感数据和用户隐私在传输过程中和静止状态下的数据安全。——译者注

小贴士

　　"10倍思维"——在参加你的公司季度会议或者查看其他上市公司的季度财报时，仔细思索你该怎样为企业创造出10倍的价值。你能想到哪些解决方案？你可以解决用户的哪些问题？所以你打算实施哪些试错活动？

5. 系统导向的思维模式：化繁为简的设计

　　系统导向的思维模式是将系统看作一个整体，通过对系统的组成、相互关系、模式和特性的深入了解从而理解任何特定领域的理念和能力。随着技术的复杂度不断增加、能力不断提升，系统导向的思维模式有助于设计师理解技术并有效解决问题。

　　为了能够将系统导向的思维模式运用得当，设计师必须实现以下转变：

- 以前关注的是某个特定用户，现在首先要关注系统中的所有用户。

- 以前关注的是某一项具体的体验，现在首先要关注系统中的所有体验。

- 以前关注的是某一项具体的工作流程，现在首先要关注系统中的所有工作流程。

- 以前关注的是系统中的某一个具体的界面，现在首先要关注系统中的所有界面。

- 以前关注的是系统中的某一个具体的行为模式，现在首先要关注系统中的所有行为模式。

案例分享：问题并不总是像看起来的那样

在我职业生涯的早期，我在某个项目中负责为某个企业用户设计一项报告的用户界面，从而能够展示各个部门的绩效。刚开始了解他们的诉求和期望时，我发现了一个关键问题：如果用户没有坐在计算机屏幕前，他们将如何获得这份关键的业务报告？打电话给客服部门可以获取这些数据吗？打电话给公司的财务分析师可以获取这些数据吗？

随着问题的不断升级，我和产品经理深入研究了系统架构以了解谁将拥有这些数据，谁来编制这些数据。随后，我们逐渐意识到：客服部门并没有这些数据；实际承担数据输入职能的财务分析师也没有这些数据，他们只是机械地输入一些数字。

我们的调研工作促使我们仔细思考了所有可能的系统性影响，最终实现了多项功能改进，包括创建绩效报告的方式、全新的客户支持工作流，以及为财务分析师提供报告预览功能。我们不仅通过设计多种访问数据的方法改善了用户体验，而且还减少了用户出错，因为财务分析师可以看到他们输入的数据如何影响部门的决策。

这就是始终保持对系统整体的认知至关重要的原因。如果没有系统导向的思维模式，我可能还陷在微观设计的窠臼之中，不经仔细思考就创建一份徒有虚表的报告。

每一位用户体验设计师都应该培养上述五种思维模式。把它们组合在一起，就可以构建出一个与用户共情的心理框架，构思出各种各样的解决方案以便达成预期，从而显著地、系统性地提升业务价值。

第9章

用户体验设计流程
——创建一个有助于成功的结构

为了卓有成效地推动业务增长，组织需要一项强有力的用户体验设计流程矢志不渝地解决业务和用户问题，并将其转化为行之有效的解决方案。

我曾服务的一个组织的董事会要求该组织将设计思维（类似于设计导向的思维模式）作为一项关键业务方法引入组织。为了加快变革管理，我们实施了为期两年的由组织各部门高管参加的设计思维培训。我们与一所顶级商学院合作，为销售、人力资源、专业服务、工程和客户支持等多个部门领导开设设计思维训练营。

尽管组织为此投入大量资源，尽管许多人已经对设计思维的威力了如指掌并对此兴奋异常，但设计思维的理念并没有渗透到各个部门。整个组织中没有哪个流程可以以可持续的方式在所有部门和角色中部署设计思维。这成为管理组织转型的一个重要瓶颈。

遗憾的是，许多高潜力组织没有对"流程"投入资源，因此永远无法为其设计实践找到源源不断的发展动力。流程缺乏凝聚力，所有人都可以游离于外，能否完成用户体验设计完全取决于每一位设计师的个人经验和主观能动性。

对于企业而言，清晰的战略规划流程、明确的产品优先级划分流程以及严谨的用户调研与设计流程，是创造高品质体验的基石，三者缺一不可。

我们需要一套流程，能够在设计师为各式各样的大规模、高复杂度和不确定性的业务与用户问题寻找解决方案的时候，为其提供策略与导引。

> 划重点："85%的问题都是由系统和流程中的缺陷导致的，而非员工。管理层的作用是去改变流程，而不是强迫员工做得更好。"——W·爱德华兹·德明

PragmaticUX™ (PUX™) 行动手册

从一开始，我在UXReactor的团队就着眼于应对"如何提升可操作性"的挑战，将设计导向的思维模式和体验导向的思维模式的强大力量规模化地转化为商业价值。这项工作需要对现有的业务实践做出全新思考和大量实验，以期在如下方面掌握更多信息：

- 如何考虑为产品及其体验规划愿景。
- 雇用怎样的设计师。
- 如何设计团队结构。
- 如何将现有的产品开发和设计流程紧密地结合在一起。
- 如何设计高复杂度、多类型用户与多模式的数字化平台。

- 如何保障迭代型设计流程的可追溯性与精确度。

- 如何规模化地、深入而又精准地洞察用户。

- 如何形成洞见、传递洞见。

- 如何衡量成功的标准。

- 如何秉持这一理念（设计导向的思维模式和体验导向的思维模式）建立组织文化。

我们的团队将我们在解答这些问题（以及更多问题）的过程中所学到的知识转化为"PUX™行动手册"，将其作为公司内部指南的一部分。从UXReactor公司创建以来，这些真实生动、与时俱进的行动手册已经成为本公司实践的基础。

该指南围绕四大支柱构建：

- 体验战略：建立并维护组织对体验设计的关注度。

- 用户调研洞察：建立并维持组织对其用户的同理心。

- 产品思维：建立并维护一个组织级的有关产品化的"最佳实践库"。

- 设计实践：构建并且实施恰到好处的体验设计。

本书第2篇中所包含的27份行动手册正是PUX™行动手册的一部分。

PUX™ 设计流程

在对各种体验问题上下求索的同时，我们还要源源不断地开拓用户、创造业务价值。所以，我们需要一个稳健而又严格规范的流程，使我们能够应对正确理解问题和持续关注问题所带来的挑战。PUX™设计流程正是UXReactor公司为有效达成这一目标而创立的结构化方法。

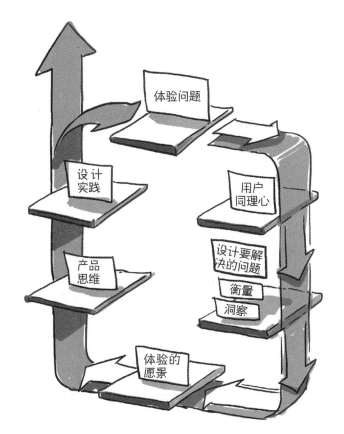

请允许我更进一步地阐述这一过程。

解决**体验问题**的第一步是为用户建立深刻的同理心，深刻理解"为什么存在体验问题"。具体而言，了解谁是用户、问题是什么、（用户的）意图

是什么、用户旅程有哪些，以及上述各项内容在流程中的位置。该步骤的实现将有赖于强有力的用户调研。

成功的用户调研可以揭示三个关键要素：

第一，**用户洞察**，包括以下信息：用户期待实现什么？背景是什么？痛点是什么？我们可以寻求哪些机会？当你开始了解、研究和体验某个用户或一组用户的问题时，你就可以拥有更多洞察。

第二，**设计要解决的问题**。只有站在用户的立场上去解决这些问题，才能从根本上消除这些体验问题。

第三，站在用户的立场上，**确定衡量是否成功**（用户是否拥有良好的体验）**的标准**。

有了这些信息，一名优秀的体验设计师应该能够着手工作了——为用户眼中的世界构建一个理想的、可进一步演化升级的宏观**愿景**（原型）。该**愿景**可以解决大多数已被识别出来的设计问题，所有有关体验的问题（用户眼中的世界是怎样的）也已经逐渐明朗。

在清晰完整地阐述有关用户体验的愿景之后，下一步就是根据其他业务因素（例如，投资额、技术能力、技能和时间表等）考虑该愿景的哪一部分将被**优先**实现。理想情况下，这是一个旨在实现更为宏大的有关体验愿景的**协作**过程，尽管当前已经处于实现阶段。

最后，根据优先级排列顺序以及项目范围，进入结构化**详细设计**这一关键阶段。

在详细设计阶段结束之前，还要进行一次用户调研工作以回答以下两个基本问题：

- 我们是否解决了想要解决的所有有关体验的问题？
- 我们是否已经使用事先定义的指标来测量设计工作的成效？

如果这两个问题的答案都是肯定的，那就要恭喜你了！我们现在可以继续讨论系统中的其他体验问题，并在它们身上重复上述设计过程。然而，如果答案是"否"，那么我们需要逐一追溯上述各个步骤。如果需要，甚至要返回到用户调研阶段，确定哪些步骤需要调整，直到将问题的答案都变成"是"。这一切都是迭代的力量。

第10章

用正确的方法找到正确的人
——在以用户为中心的组织中调整技能、角色和人员

这是一种司空见惯的情景——如果组织能够充分意识到转型为以用户体验为中心可以带来丰厚的商业价值，那么组织所采取的第一个行动就是雇用一两名设计师，不切实际地希望只要他们一出手就可以一招制胜。不幸的是，这对组织（希望实现业务转型）和设计师（希望成为战略转型的推动者）来说都是千钧重担，因为他们最终都不会看到他们翘首以盼的结果，还浪费了彼此的大量时间。

如何用正确的方法找到正确的人？企业需要了解与人相关的两个重要因素，它们都是维持用户体验设计部门高效运行的保证：一是设计团队，他们完成用户体验设计；二是支持团队，他们与设计团队紧密合作以确保达成预期的商业成果。

优秀的设计实践依赖于称职的、具备良好用户体验所需技能的人员，也依赖于能够有效调度各位设计师、充分利用各种方法和工具以帮助达成商业成果的领导者。

设计团队

首先，正如我们在第5章中讨论过的，用户界面设计和用户体验设计是两门不同截然不同的学科。所以，如果要组建一支能征善战的设计团队，你需要了解整个团队所需的各种专业知识。具体而言，以下四类专业人员是一支成熟的设计团队所必需的：

用户体验调研人员

这类人员负责收集、策划和交流整个组织对用户的洞察。他们精通各类调研方法，为组织的决策提供用户数据。大多数组织里并没有此类角色，即便有，他们也只进行用户调研的验证工作（通常被称为可用性测试）。这大大削弱了用户调研的作用，因为这样的做法只能让你专注于你已决定为用户构建的内容，而不是向你展示你实际可以为用户构建的内容。

交互体验设计师

这类人员负责设计系统内所有的交互接触点。他们了解各种数字化模式（例如，移动互联网、互联网、OTT[1]、物联网等），灵活掌握相关技术。他们是系统思维和设计工具方面的专家。大多数组织并没有创造出合适的环境允许他们在用户体验设计流程中进行端到端的思考，从而削弱了他们的影响力。

视觉体验设计师

这类人员负责创建数字化界面的方方面面。他们在色彩理论、排版、视觉构图层次以及设计工具等方面都是专家。他们还以对细节的极度关注而出名，正是对细节的关注才能将灵魂注入正在设计的任何体验。由于他们所创建的产品的本质特征，大多数组织误认为该角色及其技能就是用户体验设计的全部，因此不切实际地期望他们成为"全栈"设计师，有关用户体验的方方面面（包括调研和交互）都应该交由他们全权负责。

1　OTT是"Over The Top"的缩写，这个词源于篮球运动中的一个动作——过顶传球，用在通信领域是指互联网公司越过运营商向用户直接提供各种应用服务，包括语音服务（如微信）。这种服务直接面向用户提供服务并计费，使运营商沦为单纯的"传输管道"。——译者注

内容体验设计师

这类人员负责设计系统的全部内容及其语音和语调，包括标签、说明、错误警示、电子邮件、通知等。他们是书面交流方面的专家，了解如何使用用户期望的语言、语音和语调与用户进行交流。这个角色有时也被称为用户体验作者。大多数组织都有所谓的文档专家或技术文档写作者的角色，但他们从未被纳入更为重要的用户体验设计活动中。

运筹帷幄的领导者

正如谚语所说，在任何组织中都是"态度反映领导力"。对于众多希望挖掘用户体验设计潜力的组织来说，主要的挑战是他们缺乏卓有成效的领导者来负责这一转型。

为了确保组织平稳转型并且达成预期的商业成果，组织需要两种类型的领导者：**首席体验官**和**体验战略规划者**。

首席体验官

典型的公司是一个破碎的、孤立的世界。在这个世界里，多位高管各管一摊——市场、财务、销售、人力资源、信息技术、产品等。然而，大多数组织都没有设立首席体验官一职。首席体验官专注于用户，专注于用户在业务各个方面的体验。无论组织的内部结构或功能如何设立，首席体验官的职责就是始终如一地考虑用户、考虑用户旅程和用户需求，并把控组织是否在上述各项中超出用户预期，赢得用户的赞誉和忠诚度。

如果组织没有设置首席体验官，这个职责通常会落在已经事务缠身的首席执行官身上，他除了履行日常职责，还要尽心尽力地确保每个部门都能始终如一地关注用户体验。由于组织通常都采用垂直型结构，想要做到这一点难上加难。最终，用户在与产品的交互过程中，能够充分感受到组织内部干系人之间的彼此孤立，组织内部的流程、系统和工具之间也是互相脱节的，完全感受不到首席体验官的存在。在体验推动的业务领域中，对首席经验官的需求是迫切而鲜明的。

有些组织内有一个被称为首席客户官的角色。然而，传统上首席客户官更加关注于客户服务、客户联系和客户成功。首席客户官的工作范围需要大幅扩展以充分挖掘用户体验设计的潜力。

有些组织设置了设计总监的角色，并认为他们会自我成长以扮演首席体验官的角色。这种情况可能发生，但并不常见。为了能够成长为执行官的角色，设计师还需要掌握设计工艺之外的其他思维模式与技能，包括业务愿景和变更管理。（请参见本书第46章："假如你是设计团队负责人……"）

- 首席体验官是做什么的?

作为战略级领导者，首席体验官负责与用户体验相关的大量活动：

   □ 用户体验设计的战略。

   □ 用户体验设计的愿景。

   □ 用户体验设计。

   □ 用户调研。

   □ 用户体验分析和指标。

   □ 面试、招聘和督导体验设计师，组建团队。

   □ 管理组织中会对用户体验设计产生直接影响的流程、人、思维模式和环境。

   □ 影响组织创新。

   □ 影响与用户旅程相关的并购。

   □ 推动并管理组织内运用同理心的程度（请参见本书第17章："共享同理心"），衡量整个组织对用户保持同理心的程度。

   □ 与首席技术官和首席产品官等其他高管通力合作，保持高度一致。

换句话说，首席体验官负责整个业务生命周期的活动，从业务战略到用户同理心与创新，再到设计与交付。

此人可以直接接触到首席执行官，并与组织中的其他高管保持良好的跨职能合作。他们应在组织中保持足够的影响力，能够推动当前工作与未来战略的同步，并能够驾驭矩阵式组织的运转。

- **这个角色与首席产品官的角色有何不同？**

首席体验官与首席产品官不同，虽然他们共同为预期的商业成果负责，但他们的职责各有侧重。

　　□ 首席产品官对公司的产品负责，制订产品的路线图。

　　□ 首席体验官负责用户及其在业务生态系统中的体验，制订体验的路线图。（参见本书第19章："体验路线图"）

- **这个人应该从哪里招聘？**

首席体验官并不需要来自传统的设计领域。当然，他应该拥有并实际运用过体验导向的思维模式，笃信用户首先关心体验，笃信用户体验设计是组织新的盈利增长点。

在没有首席体验官的情况下，组织效率会变得低下，团队协作无从谈起，用户也会间接受到伤害。当这些情况发生时，体验战略规划者可以在现场发挥微型首席体验官的领导作用。

体验战略规划者

体验战略规划者是基层领导者，精心安排、协调各项业务活动，同时领导项目或产品范围内的各项与体验设计（就是我们在前面所说的"宏观设计"）相关的活动。

体验战略规划者与首席体验官（如果有的话）并肩作战，规划和执行基层用户体验设计工作。他们是推动整个组织协作的专家。他们了解体验设计的各个方面，能够与组织中的同行（产品经理、工程经理）等有效合作，确保为他们负责的项目或产品提供最佳体验。

- **这个人应该从哪里招聘?**

虽然体验战略规划者通常仍然是一名设计师,但他拥有更为强大的能力和协作技能,并(在业务思维和业务成果方面)得到专项的、深入的赋能。他应被指定为协调人,负责设计和提供最佳体验。(参见本书第47章:"假如你是一位设计师……")

支持团队

用户体验设计是更为庞大的组织生态系统的一部分,与合作伙伴有效互动并达成广泛共识是成功的关键。当组织缺乏共同的目标时,我们能够看到的只有政治;当组织拥有共同的目标时,满眼望去都是协作。高效的组织就是高度协作并且持续关注用户体验的组织。

> **划重点:当组织缺乏共同的目标时,我们能够看到的只有政治;当组织拥有共同的目标时,满眼望去都是协作。**

支持团队分为两种类型,内部合作者和外部合作者。

- **内部合作者**

内部合作者包括组织内的同事、支持者以及其他有影响力的人士,首席体验官和体验设计师需要与以下人员建立牢固的工作关系:

1. 同行工作伙伴

他们是来自产品、工程、销售、营销、客户成功、专业服务和支持等兄弟部门的伙伴。他们专注于日常的执行工作以实现更为宏大的组织愿景。体验设计师应积极让这些干系人参与体验设计的各个方面,包括设计评审、共享同理心活动和构思会议等。另一方面,一旦这些伙伴看到潜在的设计问题或者发现机会时,应主动联系体验设计师。(参见本书第34章:"设计要解决的问题，设计要抓住的机会"）

2. 领导者

- 首席财务官、首席营销官、首席产品官、首席信息官和首席技术官等决策层领导。他们专注于确保各自所在领域的无缝运行，向着组织愿景迈进。

- 首席执行官，专注于为股东创造价值并确保公司整体的无缝运行，负责制定并推动达成组织愿景和目标。

- 董事会，专注于为股东创造价值以及组织的可持续性发展。

体验设计师需要与上述所有合作伙伴密切合作，以实现商业成果。因为他们每个人都有不同的意图和目标，设计师应该理解他们的意图，精诚合作以达成多赢。通常情况下，大多数体验设计师主要会与同行工作伙伴通力合作而忽略领导者；事实上，他们应该积极利用自己的宏观设计视角，把所有内部合作者都串联起来。

小贴士

设计师请思考：你为你的用户创造的哪些价值是可以与组织的领导（以可归因的方式）分享的？

- **"铁三角"**

在致力于用数字化手段改善用户体验的组织中，至少需要三个内部合作者通力合作。这三者的有效协作可以有效解决在前述业务设计价值流程里会给他们带来困扰的任何业务问题。

1. 产品经理

负责推动产品上市以及业务层面的事务。

2. 体验战略规划者

负责以用户为中心，为用户和业务设计最佳体验。

3. 工程主管

负责产品开发，并保障用户体验的可行性。

如果你认为其中某一个角色比其他角色都要重要，就大错特错了。最理想的协作模型莫过于"铁三角"（业务倡导者、用户倡导者与可行性的倡导者）中的每一个角色都各司其职，都在促进另外两个角色更加成功。组织应将重点放在如何协调这三者上，以关注用户和业务面临的问题。这将确保深度协作、减少内耗，从而解决更多问题。更重要的是，这是一种令人觉得愉悦的工作关系。

在协作决策时，"铁三角"化身为组织中其他部门之间的桥梁，引入更多来自其他团队或部门的伙伴。（有关"协作"的更多信息，请参阅本书第36章："跨职能协作"）

- **外部合作者**

除了上述的内部合作者，大多数组织还需要考虑外部合作者，他们也会为组织交付用户体验的部分内容。他们包括：

1. 渠道合作伙伴或增值经销商

他们向更大的用户群体行销和推销组织的产品和服务。通常，在与用户互动时，他们控制着体验层，体验设计师应该充分考虑这一点以提供最佳的用户体验。

2. 技术系统集成商、解决方案提供商、咨询公司

他们帮助组织理解、构建以及交付产品和服务，他们帮助组织向客户发布产品和服务。体验设计师需要充分了解此类组织（例如，IBM、德勤和普华永道等）对用户体验的影响。

3. 供应商

他们向组织提供基础服务，所以他们与用户和干系人之间也有多个接触点。鉴于客户关系管理中的"长尾效应"，体验设计师还应与该群体建立合作关系。通常，用户将该群体提供的体验视为整体业务体验的延伸，例如，

招聘合作伙伴、旅行合作伙伴、会议合作伙伴、培训合作伙伴和媒体合作伙伴等组织。

案例分享：他们期待的合作关系

曾经，有家公司与大多数成功的组织一样，也投入大量时间为客户研究、设计和提供最佳体验，然而收效甚微。他们求助于UXReactor公司，希望我们帮他们调查清楚为什么他们的净推荐值[1]如此之低，以及为什么用户对他们产品的体验怨声载道。

在深入调研之后我们发现：他们把50%以上的最终客户端的部署工作委托给系统集成商来完成。这意味着在50%的情况下，最终客户的用户体验是由系统集成商的功能顾问（而不是体验设计师）来设计的。功能顾问并没有优先解决我们在第3章中强调的体验问题。所以，该组织在用户体验方面的实践是盲目的，因为他们没有将系统集成商视为合作伙伴，使其也参与进来。他们应当培训并帮助系统集成商的功能顾问，使其为客户提供卓越的体验。

理想的组织结构

我经常被问到一个问题："你是如何围绕一个由设计师和合作者组成的团队来构建一个组织的？"这实际上取决于一个组织愿意为构建体验设计实践而投入的资金规模（虽然还有其他几个要素需要考虑，但是权重都比较小）。因此，我推荐以下两种模式：

1　净推荐值是一种计量某个用户将会向其他人推荐某个企业或服务的可能性的指数。它是最流行的有关顾客忠诚度的分析指标，通过密切跟踪净推荐值，企业可以让自己更加成功。——译者注

大型企业组织

对于大型企业组织而言，他们可以为构建强有力的体验设计部门而一掷千金。该组织应设置首席体验官岗位，首席体验官最好直接向首席执行官汇报。

然后，应设置多个体验战略规划者岗位，他们向首席体验官汇报。每一位体验战略规划者负责特定的用户群或产品线。他们的唯一职责就是时刻沉浸在用户设计相关的问题和机会里。然后，体验战略规划者领导一支由四类人员构成的设计师团队（本章开始时提到的用户体验调研人员、交互体验设计师、视觉体验设计师和内容体验设计师）。

有些组织还设置了设计运营团队，首席体验官对此也非常看重。设计运营团队的职责是专注于优化所有的规划活动，包括思维模式、人、流程和环境。我将在本书的后面部分详细阐述。（参见本书第23章："体验转型规划"）

小型组织

对于一个不是那么财大气粗的小型组织而言，我建议建立一个由体验战略规划者督导的设计师团队。

在这方面，我观察到的常见误区是建立一个角色不完整的团队，然后希望有一位资深的设计师（例如，体验战略规划者本人）能够履行所有的职责。我强烈建议不要这样做，这就好比雇用了一名外科医生，并期望他一个人就是一整支外科团队，一个人就能做完麻醉师、护士麻醉师、手术室护士、外科技师和助理等所有人的工作。

至于具体的头衔，结合你所在组织的实际情况即可。我们将在本书第22章"职业发展通道"中对此进行更详细的讨论。

第11章

变革从你自身开始

——厉兵秣马，身先士卒

将一个组织转变为以用户体验为导向的组织，并不是要创建一种看起来很漂亮，用起来很流畅的技术。相反，这还需要构建出一系列的产品、系统和工具，使你能够毫不费力地满足用户需求。而且，这些产品、系统和工具构成一个致力于服务用户支持、用户的生态系统，能够使用户的工作更智能，生活更美好。

正确的思维模式、人、流程和环境，只有当组织的注意力专注于这四项内容时，才能实现以用户体验为导向的变革，才能成为卓越的组织。

在成功完成转型之后，以用户体验为导向的组织具备以下特点：

- 无论何时，对用户及其需求了如指掌，对困扰用户的设计问题一清二楚。

- 开发出来的产品都是用户热切期盼、爱不释手的。
- 拥有规模庞大、忠诚度很高的用户群体。
- 只招聘那些致力于实现公司"以用户为中心"的使命的优秀员工。
- 令竞争对手望而却步，令竞争对手只能对组织更新迭代的速度望尘莫及。
- 吸引了大量的私人和公共资本投资。
- 最重要的是，与同行和市场相比，该公司实现了2~5倍的高利润增长。

我们需要你来承担"变革推动者"的重任

任何组织级变革最重要的因素都取决于能够帮助推动变革的关键角色。

这一角色可以是期盼组织成为"用户至上"的企业领导者，可以是首席体验官（围绕用户至上的目标制订实施计划），也可以是寻求解决用户问题并持续提升业务价值的设计师，还可以是在体验设计过程中与组织通力合作的合作伙伴。更有甚者，在一个开放的组织中，变革的推动者可以是所有人。

本书的目的就是让组织培养这些推动者，让他们能够成功地帮助组织以务实的方式拓展业务。在本书第2篇中，你将从UXReactor公司的 PragmaticUX™ 行动手册中找到一系列有关如何培养"变革推动者"的解决方案。它们将刻在你的脑海里，陪伴你完成转型之旅。

记住，这可并非易事，否则每家公司早就完成了转型。这种性质的转型可能需要18~24个月才能让各个方面踏入正轨。这种性质的转型将改变组织的信条、流程、人员、指标、激励手段与文化，特别是组织的思维模式。所以它就像马拉松赛跑一样，每多坚持一英里都是胜利，每多跑一步都离终点线更近一步。

"不断挑战自己，这才是成长的唯一途径。"
——摩根·弗里曼[1]

1　美国著名演员，曾多次获得奥斯卡最佳男主角提名。代表作有《为戴茜小姐开车》《肖申克的救赎》《七宗罪》《冒牌天神》《百万美元宝贝》《遗愿清单》《成事在人》《惊天魔盗团》等。——译者注

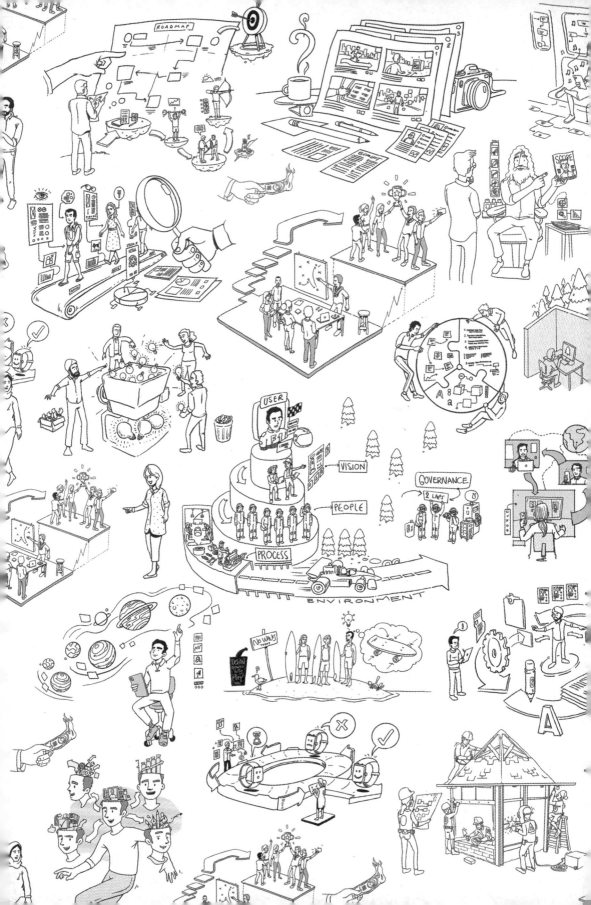

第 2 篇

27份行动手册

> "外行不断练习直到能够做好；专业人士则不断练习直到不会出错。
>
> ——哈罗德·克拉克斯顿[1]

---

1 英国作曲家。——译者注

开始应用这些行动手册

"眼睛只能看到大脑想了解的东西。"

——罗伯逊·戴维斯[1]

---

1 加拿大剧作家，代表作为《戴普特津三部曲》。——译者注

第12章

怎样用好这些行动手册
——根据你的意图创建属于自己的学习旅程

本书最重要的部分就是其中的27份行动手册，旨在帮助你提升业务价值。为了能让你更流畅地阅读本部分内容，请先了解以下内容：

- 四大支柱。
- 每一个支柱都包含若干具体的问题，每一项设计实践都将关注其中某一个具体问题。

每一项设计实践都是为某一个焦点问题而精心设计的解决方案，包含你需要掌握的所有关键要素（采用"我该怎么做……"的句式来编排结构）。

这些行动手册围绕以下四大支柱构建：

- **体验战略**：构建并维护组织对用户体验设计的关注。
- **用户洞察调研**：构建并维护组织对其用户的同理心。

- **产品思维**：构建并维护组织将优秀体验产品化的过程。
- **设计实践**：构建并实现高品质的体验设计。

我们为每一个支柱都安排了一项针对领导角色的**设计实践**，旨在让你的团队可以以长期的、可持续的方式有效建立、构建和管理好该项实践。

这些行动手册适用于体验设计生态系统中的每个角色：**初学者**、**设计师**、**设计团队负责人**、**公司高管**以及**合作者**。你可能承担了上述角色中的一个或多个。

你将在这些手册中读到的第一项设计实践就是第14章："用户同理心"。该项实践并不在四大支柱上，因为建立用户同理心是一种基础的思维模式和行事态度，是在深入考虑体验战略、用户调研、产品思维和设计实践之前就必须掌握的。此外，发展和强化同理心是每个人的工作，无论你是公司高管，还是合作者或是设计师本人。用户同理心是所有其他设计实践的核心组成部分。只有对用户产生同理心，你才可以投入其中。

如果你是公司高管，渴望通过设计来提升业务价值

如何才能真正与我的用户产生共鸣？ ➡	第14章 用户同理心
如何围绕体验设计制订一份稳健的计划？ ➡	第23章 体验转型规划

如果你是设计团队负责人，正在成长为公司的首席体验官

| 如何才能真正与我的用户产生共鸣？ | → 第14章 用户同理心 |

| 如何培育用户至上的文化氛围？ | → 第16章 体验设计的文化 |

| 如何在组织内培育集体同理心？ | → 第17章 共享同理心 |

| 如何让体验设计师在其职业生涯中成长为行家里手？ | → 第22章 职业发展通道 |

| 如何聘用体验设计师？ | → 第21章 招聘 |

| 如何围绕体验设计制订一份稳健的计划？ | → 第23章 体验转型规划 |

| 如何实施用户调研？ | → 第30章 用户调研规划 |

如果你是设计师，正在成长为体验战略规划者

| 如何才能真正与我的用户产生共鸣？ | → 第14章 用户同理心 |

| 如何在整个生态系统中为用户构建无缝体验？ | → 第18章 体验的生态系统 |

| 如何创建以用户体验为中心的体验路线图？ | → 第19章 体验路线图 |

| 如何在组织内有效传播体验设计的愿景？ | → 第20章 体验的愿景 |

| 如何确保用户调研严谨有效？ | → 第27章 用户调研的品质 |

| 如何衡量用户体验的品质以及是否成功？ | → 第28章 体验设计的指标 |

如何从组织层面上有效整合和利用用户调研的成果？	→ 第29章 有效管理和应用调研成果
如何定义产品体验的"基线"和"最佳实践"？	→ 第32章 用户体验的标杆
如何从设计阶段开始时就做到以终为始，一举奠定成功？	→ 第33章 体验设计摘要
如何确定待解决的问题是正确的？	→ 第34章 设计要解决的问题，设计要抓住的机会
如何确保提供出色的产品体验？	→ 第35章 产品体验策划
如何在整个组织中推动协作，以获得无缝衔接、博采众长的产品体验设计？	→ 第36章 跨职能协作
如何催生美妙的产品体验？	→ 第37章 产品思维规划
如何高效规划体验设计的实践？	→ 第44章 体验设计实践的规划

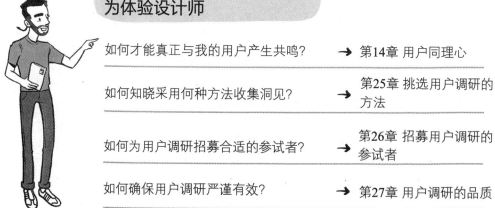

如果你是初学者，正在成长为体验设计师

如何才能真正与我的用户产生共鸣？	→ 第14章 用户同理心
如何知晓采用何种方法收集洞见？	→ 第25章 挑选用户调研的方法
如何为用户调研招募合适的参试者？	→ 第26章 招募用户调研的参试者
如何确保用户调研严谨有效？	→ 第27章 用户调研的品质

如何确定待解决的问题是正确的？	→	第34章 设计要解决的问题，设计要抓住的机会
如何系统性地构建和优化体验？	→	第39章 工作流设计
如何打磨出高效能且高品质的设计？	→	第40章 详细设计
如何评审体验设计？	→	第41章 评审体验设计
如何构建并扩展出具有高度一致性的、高品质的体验设计？	→	第42章 设计体系
如何检验工程团队交付的产品是否符合体验设计的要求？	→	第43章 用户体验设计的质量保证活动

小贴士

如果你想了解这些实践是如何组合在一起的，可以直接跳转到本书第3篇，选择与你最相关的用户场景。

如果你是经理或工程师等合作者，渴望与你的设计同行更有效地合作

如何才能真正与我的用户产生共鸣？	→	第14章 用户同理心
如何在整个组织中推动协作，以获得无缝衔接、博采众长的产品体验设计？	→	第36章 跨职能协作
如何从设计阶段开始时就做到以终为始，一举奠定成功？	→	第33章 体验设计摘要
如何构建并扩展出具有高度一致性的、高品质的体验设计？	→	第42章 设计体系

第13章

如何阅读这些行动手册
——了解为达目的而需采用的思维方式

解构每一项实践

每一项实践都有一些共同的元素。例如这两部分——"我该如何……"和"你为什么需要阅读本章",将帮助你确认你是否在正确的位置上寻求解决方案。此外,我们将在"注意力画布"上罗列为成功解决某个问题而需要考量的各个参数。每一项实践内容里的其余部分描述了你需要牢记的参数,这样才能达成你期待已久的成果。另外,还有一些"示例""小贴士"以及源于现实的"逸闻轶事"。

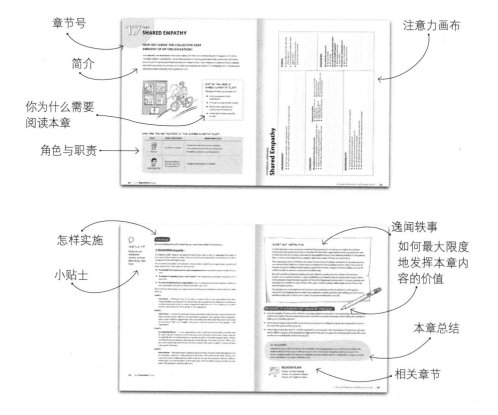

- **简介**：该项实践的存在背景，以及它想要达成的效果是什么。此处通常由"我该如何……"这样的设问句式来定义问题空间。
- **你为什么需要阅读本章**：这里讲述如果能够有效实施本项实践，将会给业务带来怎样的影响。
- **角色与职责**：这里列出了成功实施该项实践时所需要的人员，他们将承担怎样的角色（驱动者或贡献者）、他们的责任有哪些。
- **注意力画布**：这里罗列了实施本项实践时需要考虑的所有因素，或者说"原料"。关于本项内容的更多详细信息，请参阅下面的"注意力画布"部分。另外，在你阅读这一部分时，我们留了一些"涂鸦空间"以供你写下自己的想法和评论。
- **小贴士**：在"怎样实施"部分中与上下文相关的任何提示都会显示在带有灯泡图标的下方。
- **怎样实施**：此处将更为详细地介绍"注意力画布"中的各项因素。每一个由数字编号导引的小节都与"注意力画布"相关，包括"示例"以及你可能提问的问题。
- **示例**："示例"有助于将概念锚定于现实场景之中。"示例"会出现在"怎样实施"部分。如果"示例"的篇幅比较长，会以阴影文字这样醒目的方式标注出来。如果"示例"的篇幅比较短，会以普通文本的方式显示它。
- **本章总结**：对本项实践主题的简单回顾。
- **逸闻轶事**：在真实世界中，与该项实践相关的真实故事。
- **如何最大限度地发挥本章内容的价值**：你可以将此部分视为整项实践的"提示"部分，介绍如何最大限度地发挥其影响。

注意力画布

每一项实践都包含一个注意力画布。

每一位设计师的背景与目标因人而异，每一个组织的目标和资源也不尽相同。因此，为了实现以用户体验为中心的理念而写一本"一刀切"的手册是愚蠢的。我们的解决方案是以更加小心谨慎的方式来处理它，帮助你了解其体系和关键要素，以便你能够根据自身的具体情况做出最有效的决策和计划。

以下是一个注意力画布的样例。

 示例

做比萨的画布

假设你现在想要做一块比萨饼，本书不会给你提供一份详细列明如何制作比萨的食谱，尽管有很多书都是这样做的。相反，它将为你提供一个怎样制作一块色香味俱全的比萨的画布，将制作的过程解构为你需要仔细考虑的几个关键要素：

→ 饼底　　　　　→ 馅料　　　　　→ 盛放器皿

→ 一种酱汁　　　→ 烘烤设备　　　→ 调味品

→ 一种或多种奶酪

现在，根据这些要素你可以做一些基本的决策：选用哪种面团来做饼底？传统面团、无麸面团、蔬菜面团还是干脆不用面团？馅料选用蔬菜、肉类、混合类，还是不加馅料？注意力画布的目的正是帮助你在做出决策之前仔细考虑每个要素。

正如你看到的，注意力画布的目的并不是为你解决某一个零散的问题。相反，它为你创建一个深思熟虑的决策过程，以便你能够识别并了解解决问题的关键要素，并让你尝试改变这些关键要素的赋值。一旦你做到了这一点，你就可以做出既适合你自己又适合你的组织的高效能决策。

第14章

用户同理心
——如何才能真正与我的用户产生共鸣？

创建以用户为中心的体验不仅需要了解用户所在的业务领域以及他们需要执行的任务，还需要具备深刻的同理心。同理心可以让你避免对用户做出错误的假设，让你可以根据用户的实际需要和诉求发现新的机会。本章是所有后续各项实践内容的基础，它将帮助你深入了解你的用户是怎样的人，他们的需要是什么，以及你需要为他们解决哪些问题。这些洞察将会帮助你在对有关产品设计和产品战略做出决策时切实秉承"用户至上"的原则。

你什么需要阅读本章？

本章将会为你的企业带来如下价值：

- 培养对用户的深刻的同理心。
- 设计和交付人们真正想要和需要的产品。
- 基于用户洞察和尚未发现的设计机会，培育创新文化。
- 帮助干系人树立对公司的产品战略和开发决策的信心。

建立用户同理心，谁是关键角色？

角色	谁会参与其中	职责
驱动者	体验战略规划者	• 督导调研 • 确定建立同理心的最佳方法 • 通过调研收集数据 • 归纳数据 • 创建和文档化工作产品 • 在组织层面推动建立用户同理心
贡献者	用户调研人员、同行（例如，产品经理、工程经理以及其他内部干系人）	• 参与实施调研 • 洞察业务或者产品

"用户同理心" 的注意力画布

用户
→ 谁是你期待去理解并且需要建立同理心的对象?

催化剂
→ 如何推动组织创建对用户的深刻理解?
→ 如何让自己沉浸在用户的情境中, 从而真正与他们产生共鸣?

洞察
→ 为了进一步理解用户, 建立同理心, 你还需要提取哪些信息和洞察?

行动项
→ 你该如何创造机会来传播针对用户的同理心, 让其他人能够分享你对用户的同理心?

如何实施

想要在培养用户同理心时取得事半功倍的效果，你需要注意：

1. 你想培养同理心的用户

你的组织之所以存在，就是为了给你所服务的人增加价值。而且，一般情况下，你的组织或系统关联到大量用户，包括内部用户（如员工、合作伙伴、供应商）和外部用户（如客户、销售合作伙伴、外部顾问）。所以，首先需要确定你想培养同理心的特定用户群体。

在理想情况下，你应该致力于为你的系统情境中的每一位用户都建立同理心。然而，这么做不太现实。所以你应该尝试根据业务目标（例如，探索未开发的市场）、产品目标（例如，增强用户体验）或用户目标（例如，了解用户的动机和痛点）等因素，按照从高到低的顺序为用户排序。了解你为什么要了解你的用户将有助于你的调研，并确保不忘初心。

> 划重点："同理心是我们最容易理解的商业工具之一。"
> ——丹尼尔·柳别斯基[1]

2. 有助于促进建立同理心的方法

只有把自己先入为主的假设放到一边，努力了解用户并站在他们的立场上调研，才能够建立用户同理心。（参见本书第25章："挑选用户调研的方法"）以下是一些可用于启动建立同理心的方法：

- **深度访谈**：这个方法的目标在于倾听和理解，通常就是在一对一的环境中与用户直接交谈。因此，最好让用户拥有自由地、公开地发言的时间和空间，以便他们提出值得深入挖掘的探索性的问题。调研人员一定要避免做出判断，避免指导他们如何回答问题。

---

1 美国人，kind Snacks的创始人。他以22亿美元的财富位列"2022年福布斯全球亿万富豪榜"第1397位。——译者注

- **人种学研究**[1]：这个方法要求调研人员沉浸在用户的"领地"里，即你正在调研的用户的真实生活与工作环境。如果你需要获取非常翔实的用户信息，特别是当用户所处的自然环境与你所处的自然环境存在很大差别的时候，这是一种非常有价值的方法，可以让调研人员深刻理解用户的行为及其缘由。

- **用户测试**：这个方法要求调研人员仔细观察真实用户与产品之间的交互过程，其实施的时机通常选在产品或者产品原型设计完成的时候。此方法的目的是让你抛开自己先入为主的假设条件，努力与用户就他们看到的、知晓的、能做的或不能做的事情产生共鸣。

- **角色扮演**：使用这个方法时可以让参与产品战略、设计和开发的干系人扮演用户，仔细揣摩用户的身体、情感与心理属性。亲自尝试会引发更多的本能反应，让你与用户产生共鸣，让你对自己服务的对象有更深刻的了解。不过，请牢记：这种方法不应取代其他用户调研方法（它甚至都不能被归为用户调研方法），因为事实上你并没有邀请真实的用户参与其中。

✍ 示例

模拟用户的环境

为了更好地理解如何根据最终用户的需求进行设计，福特公司的工程师们穿着西装模拟了用户可能遇到的不同类型的身体问题（如背疼、关节问题）。

1　人种学研究是研究客户及其所处环境的一种描述性的、定性的市场调研方法。该方法起源于欧洲的人类学研究。在市场调研和用户调研中，人种学研究有助于组织了解消费者的多个方面，包括文化趋势、生活方式、态度及社会环境对其选择和使用产品的影响等。人种学研究的优势在于成果丰硕、翔实可信，但是耗费时间较长，因而成本较高。——译者注

3. 怎样才能洞察你的用户

当你沉浸在用户情境之中时，为了加深你对用户的同理心，你需要收集并归纳有价值的洞见。努力尝试理解他们的角色、职责、目标（意图）、用户旅程、成功标准、痛点与兴奋点，以及他们所处的更为宏大的生态系统，深入挖掘用户洞见。以下列举一些你需要关注的领域。

- **用户角色**：了解你的用户如何描述和感知其角色，具体地说，他们如何描述其角色的价值。你可以询问以下问题：

  □ 你的角色是什么？

  □ 你需要为哪些结果负责？

  □ 在具体的用户情境中，你希望达成怎样的结果？

  □ 你为什么使用这个产品或服务？

在"学校"这一生态系统中我们创建了一位关键的用户角色——小学教师史密斯女士。让我们来深刻洞察一下该角色及其价值：

示例

角色	她对自己的角色认知	她对自己的价值感知
教师（史密斯女士）	我承担课堂教学任务，以帮助学生学习知识	我培养学生对教育的兴趣，培养下一代

- **用户职责**："职责"一词用以描述用户的行为以及他们所期待的结果。在本章后续有关"建立用户同理心"以及"有效运用用户同理心"的内容中，你将会了解到相关的详细信息。例如，用户如何规划并分解他们在一天里的各项活动，他们将执行哪些任务，以及他们如何达成自己期待的结果。你可以询问以下启发性的问题：

  □ 对你来说，典型的一天是怎样的？如果可以的话，让我们看看你昨天的日程。

  □ 为了达成结果，你需要完成哪些工作？

□ 你每月或者每周需要定时完成的工作有哪些?

□ 哪项工作花费的时间最多?为什么?

✍ 示例

沿用前面的小学教师史密斯女士的例子。在她回答好上述问题之后,她的职责可能归纳为:

- 设计节奏良好的课程,发掘学生的浓厚兴趣。

- 设立课堂规则,确保学生身心安全。

- 给学生布置适当的作业,让他们能有效应用课堂所学。

- 以在线公告的形式保持老师、学生、学生家长三者之间畅通的沟通渠道。

- **用户旅程**:极少有用户与你的组织、产品或服务只有一个接触点。相反,他们对产品或服务的体验是在经历了大量互动之后形成的。这可以被称为"用户旅程",即依照时间顺序,全面记录与用户体验相关的所有交互行为及其伴随的情绪状态。

在你运用用户同理心时,从用户旅程中获得的洞见非常宝贵。

要想获得这些洞见,你需要对下列问题一探究竟:

□ 你(用户)期待取得怎样的结果?

□ 用户旅程包含哪几个主要的阶段?

□ 用户旅程中,你想要达到的目的是什么?或者,在用户旅程中的不同阶段,你想要达到的目的都有哪些?

□ 你在用户旅程中都执行了哪些操作或活动?

□ 用户旅程中,用户表现出了哪些沮丧或喜悦的情绪(使用肢体语言以及口头表达方式)?程度如何?

□ 你完成任务的效率如何?在哪些地方徘徊了很久,不知所措?

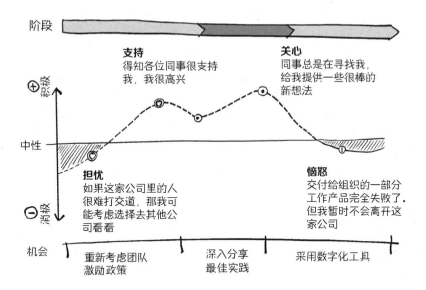

可以使用生态系统图等工具直观地描绘出一个系统内的所有关系（参见本书第18章："体验的生态系统"）。

小贴士

可以使用生态系统图等工具直观地描绘出一个系统内的所有关系（参见本书第18章："体验的生态系统"）。随着你对用户的了解逐渐加深，一幅生态系统图将成为一份文档，展示所有角色如何相互依赖又相互影响。

- **更为庞大的用户生态系统**：为了能够了解你的用户在更大的生态系统中的位置，你需要了解他们与哪些人、工具以及资源进行交互。此举不仅有助于你对这些特定用户增进了解、建立同理心，还可以帮助你发现其他相关用户对象。

你可以向他们咨询以下问题：

- □ 你会与谁互动以达成某项结果？
- □ 你还会与谁互动？以及，为什么是他们？
- □ 在完成某项任务时，你会使用哪些工具？

□ 你的报告结构是怎样的？你与这些角色的工作关系又是怎样的？

所谓"端到端的用户体验"，指的是在用户旅程中，用户都跟哪些形形色色的人员、工具和技术产生了交互。因此，你必须考虑整个生态系统，即由用户习惯串联起来的复杂关系网络，这样你才有可能系统、全面地了解用户之所以以某种方式做出回应（用户行为）的原因。

示例

沿用前面的小学教师史密斯女士的例子。在学校这个生态系统中，史密斯女士的位置应该如下图所示：

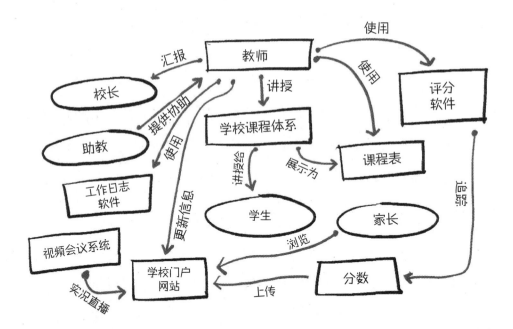

• **用户成功的标准**：用户采用哪些指标以确认"成功"？为了确保成功，他们需要做些什么？对于这些问题的深入了解将有助于你了解怎样以"能够为用户带来价值"的方式去设计体验。

这要求深入理解如下问题：

□ 哪些因素导致某人（在承担某个角色时）获得成功？

  □ 如果你正在为该角色招聘人选，你认为你心仪的人员需要具备哪些素质？

  □ 在完成任务的过程中，你都遇到过哪些困难？

  □ 你认为哪些知识与技能有助于完成任务？

  □ 如何定义"任务成功"？谁来衡量呢？

- **用户的兴奋点**：如果你想要了解用户的动机，那你就需要了解用户喜欢什么，怎样给他带来乐趣，此举将有助于发掘他们在当前体验中未被满足的需求。有些"兴奋点"用户是可以直接陈述出来的，而有些"兴奋点"则有赖于你在用户调研中的细致观察。

你可以向用户咨询如下问题：

  □ 在工作中，你最喜欢的三件事分别是什么？

  □ 你感觉"完成任务"的最棒的经历是哪一次？

  □ 如果你有更多的空闲时间，你想用这些时间来做什么？

  □ 在工作中，你最难忘的一天是哪天？那天为什么与众不同？

✍ 示例

  沿用前面的小学教师史密斯女士的例子。以下可能是令史密斯女士感到兴奋的经历：

- 看到学生的进步与成功。

- 找到全新的方式吸引学生的注意力。

- 听到她对学生的生活产生了影响。

- **用户的痛点**：了解用户的痛点、理解用户的痛点是定位问题的基准。有些"痛点"用户是可以直接陈述出来的，而有些"痛点"则有赖于你在用户调研中的细致观察。

你可以向用户咨询如下问题：

  □ 在工作中，最令你沮丧的三件事情分别是什么？

☐ 你感觉"完成任务"的最糟糕的经历是哪一次？

☐ 如果需要你从日常工作中删掉费时费力又徒劳无功的任务，你希望删除哪些？

☐ 在工作中，你感到最糟糕的一天是哪天？那天为什么与众不同？

示例

沿用前面的小学教师史密斯女士的例子。以下可能是史密斯女士的一些痛点：

● 整个班级表现不好。

● 教案丢失。

● 校领导在审查课程时，等待批准的那段时间。

● **用户细分**：你是否希望在一个庞大而千人千面的群体中只对某一特定人群建立同理心？此时你需要细分用户，并确立你所要针对的细分市场。用户细分指的是总体上角色类似的一类用户群体，在特定情境中，他们拥有共同的属性。例如：

☐ 高中教师、小学教师。

☐ 保险客户服务代理、电子商务客户服务代理。

☐ 共享单车的高端用户、价格敏感用户。

☐ 经验丰富的老手、初窥门径的新手。

确定用户细分时可以根据人口统计、心理特征、行为特征、地理位置乃至经验水平来划分。了解这些细分市场将会为后续的招募用户调研对象、数据归纳甚至业务决策提供指导，例如，为某个细分市场提供何种产品。

● **顿悟时刻**："顿悟时刻"指的是突然一下子理解了用户、明白了用户的那个时刻。顿悟时刻会对用户产生巨大影响。它可能是用户突然意识到产品给他们带来了价值的那个美妙瞬间，也可能是调研员突然灵光乍现学习到一些全新的东西的那个瞬间。正是在那个瞬间里，产品开发取得了突破性进展。

小贴士

以你收集的顿悟时刻为基础，识别用户问题，设计要解决的问题，设计要抓住的机会。（参见本书第34章："设计要解决的问题，设计要抓住的机会"）

4. 激发和传播同理心的方法

数据本身毫无价值，数据背后蕴含的洞见与学问才是价值所在。为了发掘数据背后蕴藏的"宝藏"，你需要完成一些工作产品，并将其拿出来与其他人广泛交流。

- **工作产品**：总结和归纳你在用户调研中得到的信息，并将这些结论转化成可以共享的工作产品，如**用户画像**、**同理心地图**、**用户旅程**和**视频小样**。这些工作产品可以激发对用户的同理心，甚至可以捕捉到那些直接参与调研的用户不能提供的信息。但请注意：仅仅完成上述工作产品的制作并不能自动转化、加深对用户的同理心。这些工作产品本身也是没有太大用处的，附着在它们身上的那些丰富的洞见才能帮助你实现自己的最初目标。

- **广泛交流**：同理心是一切"用户至上"文化的核心支柱。当你完成了调研工作并将其转化为上述工作产品时，并不意味着任务已完成。你还需要与所有在塑造最终用户体验方面发挥作用的人广泛交流你的这些发现，与他们分享来自实际用户的视频片段和声音片段，这样才可以在更高层次的组织层面培育你对用户的同理心（参见本书第17章："共享同理心"）。

逸闻轶事：利用同理心成为游戏规则的改变者

"同理心让你成为更优秀的创新者。"微软首席执行官萨蒂娅·纳德拉（Satya Nadella）如是说。微软于2018年在很短的时间内推出了Xbox自适应控制器，让各种残障人士玩家也能玩游戏。该控制器的设计是用户同理心在现实生活中的完美应用。按钮的位置、控制器的形状、包装甚至产品的价格，每一个细微之处的设计无不体现出对用户的深刻洞察。例如：

- **三螺纹插件**：在发现有些玩家将游戏机放置在膝板上并用尼龙搭扣带固定时，Xbox自适应控制器设计团队添加了该插件，能够让玩家随心所欲地利用控制器将游戏机安装到轮椅、膝板或桌子上。

- **包装**：设计师了解到，有些残障人士不得不用牙齿打开很多物品的包装，比如谷类的包装盒和啤酒瓶。于是，他们体贴地遵循"不用牙齿打开"的包装设计原则，为控制器设计了一个易于拆箱的包装盒。

- **价格**：微软在充分听取用户的意见后，将该控制器定价为99.99美元，这让许多买不起其他昂贵的使用自适应技术的控制器的玩家也买得起。对于这些用户而言，价格至关重要，他们需要买得起的东西。

Xbox自适应控制器体现了深刻的用户同理心。在它推出之前，残障人士不得不使用"拼凑"出来的各种各样的东西以获得类似的效果。对他们和微软来说，这个控制器确实是一个游戏规则的改变者。这一切都源于有意识的用户同理心文化。

如何最大限度地发挥本章内容的价值

- **辨别假设与事实**：明确区分哪些洞见来自对真实用户的观察，哪些仅仅是假设。所有的假设都需要经过进一步的调研去验证。

- **同理心不是一个一次性的行动**：它是一个持续的过程。持续通过每次的交互增进你对用户的了解，并将你的最新所得用来持续更新你的知识库。

- **用一个具有标志性的名字来称呼你的用户**："我们需要为萨姆解决这个问题"听起来要比"我们需要为用户解决这个问题"亲切。所以，给你要经常打交道的用户起个名字吧，赋予你的用户人格化特征，此举有利于在你的组织中增强对用户的同理心。

本章总结

　　如果你想为用户提供出色的体验，仅从表面上了解他们是不够的。要想以干脆利落的方式解决用户的问题，你需要把自己变成他们的样子，你需要深入了解他们的所思所想，所感所悟，所喜所厌。只有具备了深刻的同理心，你才能为用户提供令他们身心愉悦的体验。因此，用户同理心是通过用户体验设计推动业务增长的基础。

相关章节

第17章 共享同理心　　第18章 体验的生态系统

第30章 用户调研规划　　第34章 设计要解决的问题，设计要抓住的机会

体验设计的战略

"夫未战而庙算胜者，得算多也；未战而庙算不胜者，得算少也。多算胜，少算不胜，而况于无算乎？"

——《孙子兵法·始计篇》

第15章

体验设计的战略：导言
——为以用户为中心的组织搭建适合的框架

什么是战略？

对"战略"一词，不同的人有不同的诠释。这里我们选用现代商业战略的创始人、当今世界上最有影响力的管理和竞争力思想家之——迈克尔·波特（Michael Porter）[1]先生的定义。

在给《哈佛商业评论》撰写的一篇文章中，迈克尔·波特将"战略"定义为：

- 整个组织通过一系列商业活动所创造出来的独特的价值定位。
- 公司在参与市场竞争时权衡得失的依据，即选择"不做什么"。
- 在公司各项活动之间保持"契合度"，使它们彼此之间相互作用并相互支持。

示例

> 先锋领航集团[2]将其所有活动与低成本战略相结合；它直接向消费者分配资金，并最大限度地降低投资组合周转率。

"战略"必须以确定无疑的方式阐明组织的差异化定位。同时，它也包

---

1 迈克尔·波特在世界管理思想界可谓是"活着的传奇"，他是当今全球第一战略权威，是商业管理界公认的"竞争战略之父"。在"2005年世界管理思想家50强"排行榜上，他位居第一。代表作有"竞争三部曲"：《竞争战略》《竞争优势》《国家竞争优势》。——译者注
2 全球最大的公募基金管理公司之一，全球管理资产规模已达7.2万亿美元（数据统计截至2021年1月）。先锋领航集团的公司结构很独特，公司本身被旗下管理的基金共同持有。这样，基金的持有人就是先锋领航集团实质上的股东。它因其独特的股权结构而在众多基金管理公司中独树一帜。——译者注

含旨在稳固战略的日常性选择和配合活动。这正是我们要在"体验设计的战略"中强调的方法。

体验设计的战略的影响

正如我们在本书第1篇中所论述的，今天的世界与21世纪初和2010年代大不相同。人们期望产品、工具和流程通通实现数字化，这已经是最低限度的要求。各种各样的选择使用户可以精挑细选出令他们身心愉悦并超出预期的产品或服务。

组织需要秉承用户至上和以体验为中心的战略，利用优秀的用户体验造就组织全新的竞争力与领先优势。如果组织拥有可切实执行的体验设计的战略，用户不仅会选择你的产品，而且愿意为它支付更多费用。

> **划重点**："一位称心如意的客户就是最好的战略。"
> ——迈克尔·勒伯夫[1]

1　美国博士、作家、职业演讲家。迄今已出版8本书，代表作有《越简单越赚钱》。——译者注

体验设计的战略的四个核心理念

- **领导力是不可替代的要素。**领导者的核心职责就是确立战略，在公司参与市场竞争时合理地权衡得失，明确传达整个组织的未来愿景，指导体验设计改革。

- **战略必须包括执行力。**一项出色的战略或技术将确保你在竞争赛道中拥有一席之地，但你需要坚定不移的执行力（并不一定是完美无瑕的）来保持领先地位。这不是战略或者执行力单独一个要素就可以保证的，这需要两者紧密配合——精心规划＋切实执行。

- **各项活动之间要保持一致性。**旨在巩固战略的各项活动之间必须保持一致性和协调性，这将使企业持续保持其竞争优势。

- **通过生态系统实现其可持续性。**要想保持长期稳固的市场优势，你需要一个系统，而不是单独的某一部分。体验设计的战略是多个系统的融合，包括人、流程、环境和思维模式。

关键概念

在深入了解体验设计的战略的详细内容之前，需要了解以下几个关键术语和概念：

- **真正关心你的用户。** 秉承积极影响他人生活的愿望，从你提供的产品或服务中获得金钱利益。这源于对用户建立的深刻同理心以及体验设计的思维模式。

- **体验溢价。** 更好的用户体验能够让你在产品功能相似的情况下获得价格溢价，即体验溢价。通过持续投资用户体验，你将减少**体验债务**。
- **不要急于求成。** 在组织内定义、调整并实现"用户至上"的转型需要时间，这可不是一个需要六到八个月时间就能完成的项目，而是需要两年甚至更长时间的努力。你需要招募人员、制订流程、塑造全新的思维模式和环境系统以实现业务设计价值，进而打造自己的市场竞争力。必须脚踏实地、稳扎稳打，否则你的努力只会浪费组织的时间和资源。

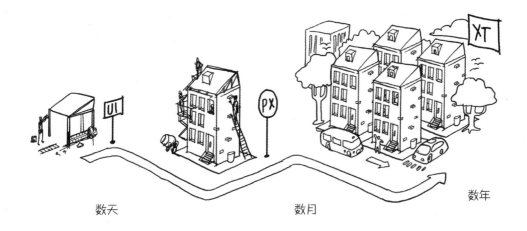

数天　　　　　　　　数月　　　　　　　　数年

内容预告

这一部分将为你解答以下问题：

- 如何在组织内培育"用户至上"的文化氛围？（第16章："体验设计的文化"）

- 如何在组织内培养集体对用户的同理心？（第17章："共享同理心"）

- 如何在整个生态系统中为用户构建无缝的体验？（第18章："体验的生态系统"）

- 如何围绕用户体验创建路线图？（第19章："体验路线图"）

- 如何传达并激活组织对体验设计的愿景？（第20章："体验的愿景"）

- 如何找到经验丰富的设计师？（第21章："招聘"）

- 如何帮助体验设计师在其职业生涯中不断成长？（第22章："职业发展通道"）

- 如何围绕体验设计构建一个切实可行的规划？（第23章："体验转型规划"）

这一部分内容将使你从卓越的用户体验的视角重新审视你的业务，阐述如何重塑人员结构、流程体系和环境系统来保持其连贯性，帮助你开始构建自己组织的体验设计的战略，并提供创建可持续系统所需的工具。

第16章

体验设计的文化
——如何培育用户至上的组织环境?

培育用户至上的文化,需要强调为用户提供卓越体验来推动创新。彼得·德鲁克(Peter Drucker)有句名言: "文化把战略当作早餐来吃。"无论你的战略有多么超凡脱俗,一旦它与组织的文化、价值观或者员工心态脱节,战略也只能是镜花水月。本章内容将帮助你培育与"以用户为中心"的战略相一致的文化。

你为什么需要阅读本章?

本章内容将帮助你的企业:

- 涌现一大批新颖的产品创意、产品原型和以用户为中心的产品。
- 创造用户喜闻乐见并爱不释手的产品。
- 运用多学科方法解决问题。
- 加强团队与团队、部门与部门之间的协作与知识共享,打破部门孤岛。

培育体验设计的文化,谁是关键角色?

角色	谁会参与其中	职责
驱动者	首席体验官	• 阐明"体验设计的文化"的内涵 • 确定组织应该开展哪些活动,同时确定活动的优先级 • 在变革中,作为管理层和基层之间的沟通管道 • 获得管理层的支持
贡献者	体验设计团队 组织中的其他团队	• 参与创新活动与实践 • 自觉保持与文化氛围建设方向的一致性

"体验设计的文化" 的注意力画布

思维模式
→ 在第四章："以用户为中心的组织的思维模式"中，我们提到了"五种思维模式"。你如何找到拥有这五种思维模式的人？
→ 如何让每个人都具备这五种思维模式？

同理心
→ 如何在整个组织中鼓励成员对用户建立更多的同理心？
→ 如何在整个组织中鼓励成员对他人建立更多的同理心？

协作
→ 如何鼓励团队与团队之间、个人与个人之间的协作？
→ 如何支持团队与团队之间、个人与个人之间的协作？

创意
→ 如何鼓励组织中的更多人贡献创意和想法？

试错与迭代
→ 如何推动组织成员以试错与迭代的方式将各类创意付诸实践？

催化剂
→ 要想在组织内推动变革，需要哪些团队与个人的支援？

氛围建设与可持续性
→ 如何评估组织内的"用户至上"的文化是否建设成功？
→ 当"用户至上"的文化氛围在组织内已达成共识时，你该如何庆祝？
→ 当组织内缺乏"用户至上"的文化氛围时，你该如何提供支援？

怎样实施

想要在建设体验设计的文化时取得事半功倍的效果，你需要注意：

1. 每个人都要养成正确的思维模式

建设用户至上的文化的第一要务，就是要求参与其中的每一个个体，无论他从事设计工作还是其他专业的工作，都必须具备第8章所述的五种思维模式：

- 体验导向的思维模式。
- 设计导向的思维模式。
- 结果导向的思维模式。
- 业务导向的思维模式。
- 系统导向的思维模式。

这五种思维模式将激发你的组织对其用户的关注，并成为维系其持续改进、不断挑战自我、永远不会故步自封的动力。

掌握和培养这些思维模式是一个终生的过程，一定要找到将它们纳入所有交互、活动和核心流程的方法，例如，招聘（参见第21章："招聘"）、入职、跨职能协作（参见第36章："跨职能协作"）和产品设计构思。

此外，这五种思维模式还是所有希望建设用户至上的文化的组织必须具备的四大支柱的根基：

- 高度同理心。
- 无缝协作。
- 源源不断的创意。
- 持续迭代，大胆试错。

小贴士

当你雇用体验设计师的时候，请精心设计面试问题，以了解他们对这五种思维模式的掌握程度。

2. 培养对用户的同理心

同理心是一种接受他人世界观的能力，能够感觉到他人的痛楚和快乐，能够感同身受。只有当你深深地与你的用户产生共鸣并理解他们的问题时，你才能创造出真正有价值的解决方案。（参见本书第14章："用户同理心"）

所以，同理心就是组织中每个个体的重要文化支柱，无论其角色与资历。组织只有具备高水平、高成熟度、高度共享的同理心（参见本书第17章："共享同理心"），才能成功解决用户体验问题。更为重要的是，不仅要对付费用户建立同理心，还要对组织生态系统中的其他用户建立同理心。此举能够使团队之间的协作更顺畅，从容应对各种挑战。

必须鼓励在个人和组织层面建立同理心。在你的日常实践中，可以鼓励队友摒弃自说自话的假设，耐心细致地倾听用户和同事的感受。还可以通过讲故事的方式传播同理心，因为故事能够引起共鸣，鼓舞人们采取行动。

3. 推动协作

构建卓越的用户体验需要整个团队的努力，组织中的每个人都必须团结一致，才能达成公司的愿景。

有了协作文化的支撑，各个部门之间不再有"我们"与"他们"的门户之见，不再画地为牢，各个团队同甘共苦，定期会面并交换信息，分享有关用户的认知。

小贴士

当你与其他外部供应商打交道时，请用"协作"这个词代替"帮助"。此举有利于消除等级观念，从言辞上就能让人感受到并肩作战、携手解决问题的氛围。

你可以鼓励不同部门携手并肩，共同完成如下活动，以促进彼此之间的协作：

- 战略规划。
- 项目启动。
- 设计评审。
- 创意研讨会。
- 设计交底。
- 用户调研报告和评审。

创建一个对每个人都敞开大门的空间，兼容并包，吸收多学科观点，充分利用这些观点找到解决用户问题的新方法。

你可以与其他部门（如支持部门、销售部门和市场营销部门）共享用户调研成果。同时要多分析这些部门收集到的数据，因为他们的数据可能展现一个完全不同的视角。随着合作的深入，你将收获大量与其他部门共享的洞见（参见第29章："有效管理和应用调研成果"），那么你的组织在决策与业务和产品相关的事宜时就可以利用这些洞见。

划重点："试错是推动创新的引擎。"
——斯蒂芬·汤姆克[1]

4. 创意构思

正如亚当·格兰特（Adam Grant）[2]在其关于"独创性"的研究中发现的那样："事实上，多产也可以增加独创性，因为即使纯粹的数量增加也可以增加你找到全新解决方案的机会。"

1　哈佛商学院教授兼作家。——译者注
2　沃顿商学院最年轻的终身教授，"全球25位最具影响力的管理思想家"之一。代表作为《离经叛道》。——译者注

用户至上的文化需要源源不断的创意。

关于用户至上文化建设的第三个支柱，最重要的一点是，创意并非只能源于设计师。在一家具有高度同理心和协作精神的组织里，组织中的每一个人都对用户的问题感同身受，并被赋予为这些问题提供解决方案的职责。

也就是说，组织在正式的"创意构思会议"之外还另外设有"通道"，任何人都可以借由这些"通道"分享自己的想法，传播这些想法，每个人都有机会参与。这些"通道"可以是：

- 邀请新的团队成员或完全无关的部门团队成员（必须已经拥有了用户同理心）作为嘉宾参加设计构思会议。
- 设置一个公告板（虚拟的或实体的都可以），在上面罗列出所有已识别出来的关键用户问题，任何人都可以从他们的视角分享自己的想法或解决方案。
- 设置一个面向全公司征集意见的"想法箱"，任何团队成员都可以在其中分享他们的任何想法。

其他的做法包括：举办组织级别的黑客马拉松，征集大家的创意；创建一个创新实验室供每个人在其中实践自己的创意。

5. 大胆试错，不断迭代

爱迪生做了1000次无效的尝试（或者用我们今天的话来说，叫"迭代"）才最终发明了灯泡。每一次不成功的尝试（失败）都可以看作为下一次的设计迭代提供输入信息。

爱迪生的做法应该内化为许多公司的信条：失败需要成为走向成功之路上广受欢迎的一部分。所以，试错和迭代这个支柱对于构建用户至上的文化、为用户提供出色的体验至关重要。突破来自持续迭代、反复试错。

不试错的代价是巨大的。与其在产品中投入大量设计和开发资源之后才发现此路不通，还不如快速试错、快速检验、快速从失败中吸取教训，从而构建出"小快灵"的原型。通过试错从用户那里获得反馈，接受失败并从失败中学习，持续改进而后推出最终产品。

💡 **小贴士**

在你的组织中设置一些奖项，鼓励大量涌现的各种试错活动。这些奖项可以是：最大胆试错奖、最多产试错奖、最大试错回报率奖等。

6. 必要的起到"催化剂"作用的团队

用户至上的文化建设还需要合适的、能够为变革起到"催化剂"作用的团队、个人或团体。

- **管理层**：用户至上的文化建设要求管理层为变更确定基调——强调必须改善用户体验。管理层还要身先士卒，他们监控体验设计的指标，如果数据显示有偏差，他们一定会深入研究。他们率先垂范，接听用户电话以便建立更深刻的用户同理心。他们在规划业务战略时、在开发新产品时句句不离用户。管理层还要为组织提供必要的支持，以推动组织站在用户的立场上构思、协作、试错和建立同理心。

- **执行层**：真正的文化变革一定植根于组织里每一个个体的行为规范和思维模式上，而不仅仅体现在人们的言语上。在执行层面寻找对变革充满热情的活跃分子，由他们来领导基层的文化变革，培养他们成为变革的推动者。

7. 用户至上文化的可持续性

没有持续不断地培育，一个组织就无法维持其文化。这要求五大思维模式、四大文化支柱必须持续不断地融入组织在方方面面的实践。

充分发掘和利用你在前项活动中找到的"催化剂"来传播用户至上的文化，将其付诸组织所有的实践活动之中，包括招聘和解雇员工、产品创新与产品开发、激励与奖惩措施甚至战略决策。

使用"同理心衡量表"（参见第17章："共享同理心"）等测量方法持续评估五大思维模式和四大文化支柱在全组织范围内的接受度。当个人或团队体现出浓烈的用户至上的文化氛围时要对他们使用激励手段，也要为那些还跟不上节奏的人士提供更多的支持和指导。

小贴士

西蒙·斯涅克（Simon Sinek）[1]在其著作*How to Make a Cultural Transformation*中建议：首先要赢得创新者和早期采用者[2]的支持，按照"稍微困难"的遴选过程来找到对该主题最感兴趣的人。具体来说，请人们自愿参与；对于他们即将投入的额外时间和劳动并不提供额外的报酬或奖励；由这些志愿者来引领变革。

---

1 团队领导哲学实践者，"黄金圈"与"安全圈"发现者，国际知名演讲家，其领导力演讲在TED排名前三。——译者注
2 出自美国学者佛雷特·罗杰斯的"创新扩散理论"。其理论指导思想是：在创新面前，一部分人会比另一部分人思想更开放，更愿意采纳创新。其中，"创新者"是勇敢的先行者，自觉推动创新。创新者在创新交流过程中，发挥着非常重要的作用。早期采用者是受人尊敬的意见领袖，他们乐意引领时尚、尝试新鲜事物，但行为谨慎。——译者注

逸闻轶事：爱彼迎

在培育用户至上的文化方面，爱彼迎是一个鲜活的例子。爱彼迎倾力打造优先考虑用户的同理心文化氛围，推崇创意，提倡大胆试错，鼓励协作和全组织范围内的信息共享。

同理心：在爱彼迎成立的第一年，团队依然停留在"躲在电脑屏幕后依靠编写程序解决问题"的初级阶段。但他们很快意识到，单靠代码无法解决所有问题，与客户面对面交流才是找到睿智的解决方案的最佳方式。即使在今天，爱彼迎依然在公司内部持续培育同理心文化，如果员工注册成为爱彼迎的客户将额外享受由公司提供的2000美元津贴。

试错：爱彼迎鼓励团队中的每位成员勇敢尝试小规模的新功能改进，这样可以在正式投入运行之前测量改进是否有意义。这一战略使得爱彼迎能够"小步快跑"，既能够承担在承受范围之内的风险，又能够不断探索新的机会。

创意构思：作为入职流程的一部分，爱彼迎鼓励员工在入职第一天就推出新产品。此举强化了他们的信念——"伟大的想法可以来自任何地方"，无论任期长短、经验多少。也就是说，你在爱彼迎应用程序里的"愿望列表"上添加的每一个心形图标，随时都有可能由爱彼迎的新员工来为你实现！

协作：在爱彼迎，各职能部门之间都会通力协作。客户体验团队时常会使用内部通信工具邀请工程师和设计师一同参加协作。此外，即使业务上没有重叠的各个部门，他们之间的协作也是家常便饭。事实上，"主人-访客"团队为各部门的行动规划提供支持，以确保大家共享目标并在各项目上通力合作。

如何最大限度地发挥本章内容的价值

- 请记住，建立和强化"体验优先"的文化是每个人的职责，而不仅仅是某个人（如首席执行官）或者某个部门（如人力资源部）的责任。

- 组织授权为各种各样的试错提供资金和资源，这可是"用户至上"文化的核心组成部分。

- 在招聘员工的时候要测试候选人的思维模式是否与"用户至上"的五大思维模式相一致，测试候选人在能力上是否符合"用户至上"的四大文化支柱的要求。

- 避免激进形式的文化转型。关注一些关键的行为变化，由最热衷变革的人士来领导转型。

- 创建一个有安全感的氛围，使人们能够开诚布公地分享不同见解和意见、建议。能够大胆地提出意见和建议的员工应该受到重视。

- 建立适当的激励机制。良好的体验优先文化能够提升个人能力，所以一切有利于巩固四大文化支柱的行为都应该受到表彰。

本章总结

建立正确的"以用户为中心"的战略只是完成了一半拼图。即使最强大的战略也无法在失调的文化中得到切实有力的执行。以用户为中心的战略需要用户至上的文化。建立和培育用户至上的文化需要优先考虑使用五大思维模式激活支持文化建设的四大的支柱。

相关章节

第14章 用户同理心　　第17章 共享同理心　　第21章 招聘

第28章 体验设计的指标　　第36章 跨职能协作

第17章

共享同理心
——如何培育组织集体的用户同理心?

建立用户同理心是整个组织的责任。由组织内每一个部门的每一个人带动起来的以用户为中心的创新才是最有效的创新。从最初级的员工到最高级的员工,他们都紧紧围绕着一个共同的目标和愿望,为他们的用户带来变革。本章"共享同理心"将为你提供衡量同理心的方法,以及在组织内增强和保持同理心的方法,旨在帮助你提高用户满意度,同时避免内部产品研发活动产生混乱。

你:为什么需要阅读本章?

本章内容将帮助你的企业:

- 成为一家目标驱动型的组织。
- 所有的创新都围绕着"以用户为中心"。
- 推动业务发展,实现更多价值驱动的成果。
- 大规模持续增强的同理心。

在组织内共享同理心,谁是关键角色?

角色	谁会参与其中	职责
驱动者	体验战略规划者	• 推行衡量同理心的方法(同理心衡量表) • 组织活动以增强同理心 • 建立保持同理心的系统
贡献者	体验设计师 跨职能团队	• 参与活动,提供支持

"共享同理心"的注意力画布

衡量项
→ 你的组织往在本章所列的"同理心衡量表"中处于什么位置?
→ 组织中哪些部门在"同理心衡量表"中处于最高阶位置?哪些又在最低阶位置?

促使变化的人或者因素可以采取的行动:
→ 怎样拓展组织对于用户的认知?
→ 如何促使组织更加关注用户?
→ 组织打算给用户带来哪些变化?

提升可持续性
→ 哪些流程可以用来确保保持用户同理心?
→ 各种增强用户同理心的活动的节奏与频率如何?
→ 如何管理增强用户同理心方面取得的成果?
→ 如何沟通在增强同理心方面鼓励员工对用户建立增强用户同理心?
→ 哪些措施可以用来鼓励实质性增强用户同理心的行动以增强用户同理心?
→ 管理层如何做出了哪些实质性增强用户同理心的行动以增强用户同理心?

典型的行动项
→ 定期实地拜访用户.
→ 拍摄小视频.
→ 实地开展用户调研.
→ 接听用户电话.
→ 全公司范围内的新产品试用活动(又被称作"吃狗粮").
→ 实地体验用户的日常活动.
→ 分享用户的故事.
→ 分享用户的评价.
→ 在各个部门之间分享各自的见解.
→ 情境模拟.

人员
→ 谁来推动同理心建设的活动以达成预期的成果?
→ 为了推动建立同理心,需要哪些部门的支持?
→ 需要内部或外部人员来当教练或专家的角色吗?

资源
工具需求
→ 供调研用的仪器.
→ 问卷调查工具.
→ 给团队分配的用于建立用户同理心的时间
每月或者每季度的特定时间段的时间
→ 每月或者每季度的特定时间段.
→ 团队的非现场工作时间.

财务及其他支持
→ 举办活动的场地.
→ 参与活动的奖励.

怎样实施

想要在共享用户同理心时取得事半功倍的效果，你需要注意：

1. 有效衡量同理心

"同理心衡量表"可以用来衡量你的团队在多大程度上能够理解用户并与用户建立连接。它用以展示组织中各个部门同理心的强弱，并且有助于制定共享同理心的策略。

使用该衡量表评估的时候，可以将其分发给组织内具有代表性的人员（作为研究样本），涵盖所有级别和职位。衡量结果将显示：

- 整个组织中运用同理心的广度——组织内已经有多少团队对用户建立起同理心。
- 整个组织中运用同理心的深度——组织对用户的同理心有多强。
- 组织的信任度水平——团队和员工对于组织能够为用户解决问题的信任程度。

根据所得分数，你的组织将被赋值为以下 "同理心成熟度"的5个级别之一：

- **第1级：任务驱动型组织**——组织中不属于销售或技术支持部门的员工中的大多数成员从未与用户交流过，他们执行分配给他们的任务。用户很少或从未参与到创新过程中，团队也从未在此方面积累相关经验。用户洞见和产品决策来自组织中的一两个小组。
- **第2级：主题专家驱动型组织**——组织中已有少量人员了解你的用户，并且担任组织中的主题专家。组织中不属于销售或技术支持部门的员工中，从未与用户交流过的依然占据大多数，他们通过这些主题专家了解用户。用户洞见和产品决策依然来自组织中的少数几个小组。
- **第3级：职能驱动型组织**——组织已经充分了解用户的日常行为，并能够交付产品或服务以满足这些已知的需求。用户可以介入创新过程，通常用以验证决策。创新源自产品的功能特性，帮助用户完成他们需要完成的工作。除了销售和技术支持部门，产品和用户体验团队也与用户互动。他们收集洞见并辅助做出产品决策。

- **第4级：价值驱动型组织**——组织定期开展用户调研工作以识别创新机会。组织从更宏观的系统背景下理解用户，通过更高效的技术来协同创新，为用户创造价值。在创新过程中会多次引入用户参与，组织内的许多团队都会与用户积极互动。

- **第5级：目标驱动型组织**——用户始终处于核心位置。整个组织对用户都具备很强的同理心，人人都渴望解决问题，人人都渴望为用户做有意义的、可以带来深远影响的事情。每一项创新都是组织范围内协力奋进的成果。用户参与不仅是为了调研，还是为了能与组织中的每个人充分互动以分享他们的体验。

随着时间的推移，不断评估你的组织并跟踪结果。这将成为需要不断跟踪的组织级关键绩效指标之一，用以衡量体验所带来的影响。（参见本书第28章："体验设计的指标"）

2. 增强同理心的促进因素

将下列活动制度化，以增强组织对用户的同理心：

- 增加组织对其用户的了解。
- 促使你的组织关心其用户。
- 感受到上述活动正在为用户带来变化。

上述活动必须在组织内多点开花。要知道，增强同理心是一个持续不断的过程，因此组织中的所有员工，无论其职位高低，都应该持续参加这些活动。

示例

> 美捷步（Zappos）[1]以精心打造以客户为中心的文化而闻名于世。美捷步的员工在其职场生涯中的各个阶段都能与客户充分互动。所有员工都要经历为期四周的入职流程，除学习公司文化和参与团队活动之外，新员工都需要接听客户电话。此外，在繁忙的假日销售旺季，美捷步的每位员工都必须在呼叫中心工作两小时，以观察客户服务团队如何与客户交流。

以下是一些你可以在组织中尝试的增强同理心的活动：

- 定期实地访问用户。
- 拍摄用户短视频，并存储在视频库中。
- 跟踪用户调研成果。
- 接听用户电话。
- 全公司范围内的新产品试用活动（也被称为"吃狗粮"）。
- 实地体验用户的日常活动。
- 分享用户的故事。
- 分享用户的评价。
- 在各个团队之间分享各自的见解。
- 情境模拟。

3. 维持同理心的可持续性

培育同理心不是一蹴而就的，需要持续不断的努力。为确保你的组织持续不断地培育用户同理心，请围绕以下各个要素制订相关流程：

- 各项有关培育同理心的活动的频率。

1 　一家创办于美国的B2C网站，创立于1999年。凭借独特的商业模式以及买一双鞋寄三个尺码、免费退换货、库存的每一款鞋从八个角度拍摄照片等极致用户体验，迅速成长为最大的网上卖鞋商店。2009年被亚马逊收购（保留独立品牌）。——译者注

- 确保团队和个人积极参加相关活动。
- 相关资源的策划与共享（参见本书第29章："有效管理和应用调研成果"）。
- 交流在增强同理心建设方面的成果。
- 领导层不断倡导并以身作则。

在许多组织中，即使有多个小组从事用户调研方面的工作，但调研结果往往是相互孤立的。有效执行共享同理心的活动不仅可以同时协调多项活动，还可以建立有效的机制以确保沟通协作成为组织中的常态。

示例

Coursera[1]是一家高成熟度的目标驱动型公司，其使命是"为所有人提供世界级的学习机会"。它将这一使命牢牢锁定为企业文化的核心，定期分享学习者的故事，举办年度"黑客马拉松"活动，鼓励员工使用该平台提供反馈。

4. 培育同理心的领军人物

在组织内厚植对用户的同理心需要多个团队之间的协作。这其中，最重要的莫过于扮演"驱动者"的角色，他们承担着最终能否达成结果的责任。这一角色具备深刻的同理心，深谙其中的关键，知晓如何建立行之有效的衡量体系，对跨职能协调工作游刃有余。通常，这是首席体验官（或者由组织专门任命的领军人物）的职责。

---

1 Coursera是创办于2012年的在线教育平台，由美国斯坦福大学的两名计算机科学教授创办。旨在同世界顶尖大学合作，在线提供网络公开课程。目前，Coursera的合作院校包括斯坦福大学、加州理工学院、普林斯顿大学、杜克大学、爱丁堡大学、多伦多大学、洛桑联邦理工学院等国际名校。2013年10月，Coursera进驻中国，已有北京大学、南京大学、上海交通大学、复旦大学等高校加入。——译者注

示例

2005年，詹妮弗·利伯曼（Jennifer Liebermann）成为加菲尔德创新中心的创始董事，该中心是凯撒医疗机构[1]团队成员的智库，旨在"通过亲自动手的模拟、快速原型和技术测试，探索护理解决方案"。加菲尔德创新中心倡导的设计思维和大胆尝试文化直接促使这里每年都能催生数百个创新项目，这一系列成功举措随后在全美和世界各地的凯撒医疗机构中推广实施。

5. 支持将各项举措付诸实践的资源

为使培育同理心的各项举措付诸实践，进而获得成功，组织还需要投入相当规模的资源。你需要根据组织开展的不同规模的活动以及需要建立的不同种类的流程，评估你的资源需求：

- 工具，例如供用户调研使用的仪器和测量工具。
- 为团队所有成员分配的用于参加建立用户同理心活动的时间。
- 为举办活动、激励参试者、持续维护和研发等提供资金支持。

逸闻轶事：聪明能干但管理不力

一家中等规模的初创型公司正在为美国市场开发一款医疗账单产品。他们的设计和工程团队的大部分人员都在亚洲，而公司的其他部分和所有最终用户都在北美。该公司在产品开发过程中遇到了重大问题，他们的用户开始抱怨产品体验的品质。

1　全美最大的健康维护组织，是管理型医疗（医疗保险模式）的鼻祖，成立于1945年。——译者注

该公司请UXReactor公司调研一下针对其产品的相关投诉。在调研过程中，我们发现：虽然该公司拥有一批非常聪明且工作勤奋的工程师，但他们不知道美国的医疗保健和保险系统如何运作。他们生活和工作在世界的另一端，对他们的用户一无所知。

我们通过实施建立同理心的活动有效解决了这一问题。我们为其策划了所有的用户洞见调研工作，让该公司位于世界各地的员工都可以参与调研工作。我们要求他们站在用户的立场上思考问题。我们将用户旅途中的最大痛点制作成大幅海报，将其展示在办公室的各个角落。我们还为他们制作了为用户讲解产品运行流程的演练视频。

这项工作后来成为该公司新员工入职时的必修课。这场精心策划的变革使得该公司的每个成员都能以更加富有同理心的方式尽力为用户提供服务，团队间的合作以及产品的质量都得到了显著提升。

如何最大限度地发挥本章内容的价值

- **以身作则**：共享同理心的活动必须大范围地感染到组织中的每个人，无论他的职位如何。担任领导职务的人员应该率先垂范，将用户同理心作为优先事项，这样才能激励其他员工积极参与其中。
- **常态化沟通机制**：经常性地在组织内沟通组织的各项工作对用户的影响，将同理心的思想观念灌输给员工。
- **拒绝故步自封**：即使在用户至上的组织中，故步自封的现象也会时常发生。当员工在工作中没有彼此交流洞见并产生碰撞时，组织中的各个群体就会开始使用他们自己的特定视角来考虑用户。这对协作创新过程非常不利。

本章总结

　　对用户的同理心必须根植于组织内每位成员的头脑中，而不仅仅是产品团队。这需要仔细考虑如何衡量同理心，如何培育同理心，以及如何在全公司范围内维持其可持续性发展。最终，用户同理心才能帮助组织做出更有效的决策，为用户创造更多价值。牢记：用户越开心，业务越好。

相关章节

第14章　用户同理心　　第28章　体验设计的指标

第29章　有效管理和应用调研成果

第18章

体验的生态系统
——如何在整个生态系统中为用户构建无缝的体验？

很多公司都犯了一个错误，过分关注某一个用户或某一个产品。他们忽略了整个生态系统——他们的产品和公司处于一个相互关联的复杂系统网络中。本章"体验的生态系统"将为你解决这类"只见树木，不见森林"的问题。构建体验的生态系统可以释放巨大的商业价值，它能帮你识别并购目标，帮你挖掘需要为用户补充的新服务，还能简化工作流程，给用户带来愉悦的体验。

你为什么需要阅读本章？

本章内容将帮助你的企业：

- 了解构成庞大的生态系统中彼此独立但是又相互依存的各个组成部分。
- 在深入细节之前，先看整体。
- 了解用户如何感知生态系统并与之互动。
- 在组织内广泛建立对生态系统的共同理解，各个团队都能为用户提供直观的体验。

构建体验的生态系统，谁是关键角色？

角色	谁会参与其中	职责
驱动者	体验战略规划者	• 揭示用户如何看待和使用系统 • 将宏观的生态系统可视化，使其变得直观 • 与其他干系人分享见解，以改进业务、团队和流程的不同方面
贡献者	体验设计师 其他岗位的设计师	• 分享观点并达成一致

"体验的生态系统" 的注意力画布

情境
→ **系统**: 将要被你列入情境之中研究的系统是哪一个?
→ **用户**: 在这个系统中, 最重要的用户是谁?
→ **意图**: 用户的目的是什么?

数据提取
→ **调研**: 你计划如何从用户中提取信息?
→ **对象**: 用户在用户旅程中将要与哪些对象交互?
→ **关系**: 对象与对象之间, 用户与对象之间存在什么关系?
→ **交互**: 意图、目标、流程、对象和工具之间如何交互?
→ **心理模型**: 你的用户如何描述系统?

整合
→ 那些你将要去整理并标准化的数据存在哪些共性?

可视化
→ 你将如何以直观的、易于理解的方式去可视化当前的生态系统?

协作
→ 在分析了该生态系统之后, 你将会看到哪些机会?
→ 我需要与谁分享我的看法?

怎样实施

想要在构建体验的生态系统时取得事半功倍的效果，你需要注意：

1. 情境

- **系统**：将要被你列入情境之中研究的系统是哪一个？一个系统可以是一个产品、一个平台、一个企业，也可以是一个组织或者组织中的一个业务单元。

✎ 示例

产品	平台	公司或者组织	组织内各业务单元
特斯拉 X 型车	Facebook[1] 上的"集市"	爱彼迎、当地某家医院	英特尔的客户支持部

- **用户**：谁是系统中最重要的用户？每个系统中可能存在多个用户，他们可能来自以下类别之一：给组织带来营收的用户、公司员工、外部供应商或合作伙伴。列出你要研究的体验的生态系统中的所有用户，然后对其进行优先级排序。

✎ 示例

在医院的生态系统中存在这些用户：医生、护士、技术人员、医疗管理人员、患者、患者的家庭护理人员、药剂师、政府监管机构等。

希望改善患者的护理服务体验，医院将优先考虑的用户包括患者、医生和护士。

- **意图**：每一个用户都希望在你所创建的系统中实现某一个目标，这个目标是什么？识别用户的意图，这是创建体验的生态系统的锚点。

---

1 2021年10月28日，Facebook的创始人马克·扎克伯格宣布，将Facebook所属的母公司名称更改为"Meta"，新名称反映了该公司对"元宇宙"（Metaverse）的投资。而该公司旗下的Facebook、Instagram等单个平台将不会更名，只有母公司才使用"Meta"这个新名称。——译者注

示例

> 如果你的用户是一位刚刚收到医生发来的服务发票的患者，他的意图可能是按时支付账单避免罚款。
>
> 如果你的用户是管理缅因州五家大型医院的管理人员，他的意图可能是确保医院系统的长期盈利能力。

2. 从用户调研中提取数据

在你理解了系统、用户及其意图之后，你需要规划并实施用户调研活动，提取所需的信息以可视化生态系统。

调研规划：从生态系统中提取信息的方法有许多种，用户调研（参见本书第30章："用户调研规划"）或者定期访谈与用户互动的内部员工，都是可行的方法。

小贴士

> 在你完成从用户那里提取信息的活动之后，请注意多个系统之间可能存在的交叉与关联关系。

这些活动可以促使你尽力了解用户、用户的预期目标以及用户在系统中的旅程，以便获取以下细节：

- **对象**：对象是用户在整个系统中为完成某些任务而遇到的所有工作产品。建立一个对象列表以便跟踪并管理它们。

示例

> 对象可以是报告、电子邮件、收据、声明、文章、视频。

- **设备和媒介**：你的用户如何遇见这些对象？哪些设备（如电话、台式机）、媒介（如社交媒体、电话、邮件）和平台（如互联网、移动互联网）可以作为传输对象的管道？你需要确保将设备和媒介与其相应的对象成组地打包在一起，以便在后面的"关系"环节建立用户与设备或媒介之间的映射关系。

- **关系**：识别用户与用户之间、对象与对象之间，以及用户与对象之间已存在的关系。使用工作流或流程图把它们连接起来，并用箭头表示工作流的方向。这样，各个要素之间的映射关系就可以被清晰地标示出来。

示例

　　医生（用户）与患者的病历（对象）之间的关系：医生（用户）在患者信息主页（对象）上读取并更新患者的病历（对象）。

- **用户心理模型**：用户对当前系统的看法强烈影响他们如何使用该系统。心理模型不匹配的现象时常发生，特别是对于全新或者陌生的设计来说。这就是收集关于用户心理模型的第一手信息非常重要的原因。用户是怎样使用自己的语言描述系统的？对此不要臆测，要让他们自己说出来。如果用户的表述与你的主观判断之间存在重大差异，请做好记录，这可能正是系统需要加以改进，以符合用户心理模型的地方。

3. 整合数据以揭示数据之间的共性与相关性

整合并归纳从各个用户那里提取到的所有数据（例如，对象、关系、术语）。受地理位置、文化背景、技术知识和从事行业等因素的影响，每个用户的心理模型各有不同，这可能导致不同人士使用不同的术语来指代系统中的某一相同对象或流程。因此，重要的是找到其中的共同点，统一术语并标准化，必要时可以采用进一步的用户调研来消除差异。

示例

> 开发计费系统的专家会将缴费、销售和客户支持等部门视为截然不同的三个部门，而在客户眼中，它们都是一个部门——客户支持部门。
> 某用户称为"测试程序说明书"的文档，另一个用户则称为质量保证报告。

4. 可视化"体验的生态系统"

可视化的体验的生态系统（特别是从用户的角度去可视化），是一个强大的工具。它能够以直观且易于理解的方式呈现大量数据。在可视化生态系统的时候，需要将用户置于中心位置。用户与之交互的其他人或角色用圆圈表示，向他们发送数据或者与他们交换数据的对象用正方形表示，使用带标签的箭头说明关系及其动作顺序。

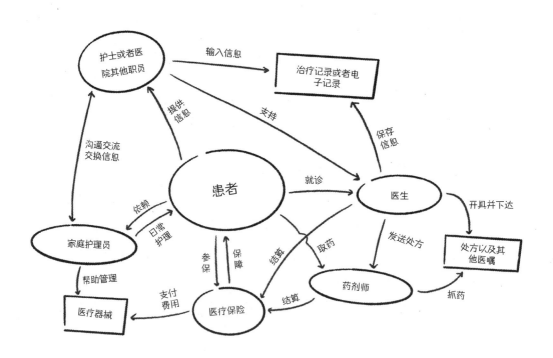

5. 基于生态系统的洞见，在整个组织中积极协作

与在塑造用户体验中发挥作用的干系人分享你已可视化的生态系统，向他们展示在该生态系统中他们各自与用户的接触点，借此寻求并建立各个干系人对用户的共同理解、一致认知。

💡 小贴士

对同一类信息使用同一种符号和颜色进行编码，避免混淆，提高可读性。

利用体验的生态系统可以在如下方面为你的团队、公司以及产品的体验带来价值：

- （团队方面）保持专注。
- （产品设计层面）促使系统设计更加合理，增进产品和平台之间的一致性。
- （产品设计层面）构建并设计基于生态系统的最佳工作流。
- （产品设计层面）识别产品在用户体验方面的差距。
- （公司层面）识别并消除各部门之间跨职能协作时的效率低下现象。
- （公司层面）打破导致用户体验差的组织内孤岛。
- （公司层面）发现公司在商业模式、技术或者能力上的差距。
- （公司层面）寻求与你的产品和相关体验互补的新市场。
- （公司层面）建立新的合作伙伴关系，或者确定并购机会。

逸闻轶事：苹果的产品生态系统

苹果建立了一个非常成功的以用户为中心的产品（iPhone、iPad、Mac）与服务（苹果音乐、苹果支付）生态系统。各个产品与服务之间可以无缝协同工作。每时每刻，用户的身份都会发生变化：早起的时候是妈妈和妻子，白天工作的时候就是经理，到了周末

又换成朋友的身份。所以用户的需求（例如，移动通信、移动娱乐）也需要随时随地来响应这些角色的变换。在为这些需求设计产品的同时，苹果会确保其用户即便在设备与设备（例如，从iPhone到Mac）之间切换或者服务与服务（例如，从苹果新闻到苹果音乐）之间切换时，仍然处于生态系统之中。

如何最大限度地发挥本章内容的价值

- 只管去做。你可以在几小时内勾勒出一个体验的生态系统的初稿，然后再用不到一周的时间去修改、完善。于是，你可以立即体会到该工具的威力，它让你和你的组织都能拥有更宏大的格局。
- 不遗余力地将体验的生态系统传播到整个产品研发团队。
- 持续不断地修改和完善体验的生态系统。它需要持续迭代以保证其与时俱进，特别是当组织或外部力量的变化对用户体验产生重大影响时。

本章总结

在关注细节之前先看清楚整体是至关重要的。体验的生态系统允许你从更宏观的视角看清楚影响用户体验的深层次的交互关系。运用本章所学可以让你的组织在更宏大的系统级别上思考问题、改变格局而后协同工作，借此作为后续业务改进、推陈出新的启动平台。

相关章节

第14章 用户同理心　　第28章 体验设计的指标

第29章 有效管理和应用调研成果

第19章

体验路线图
——如何创建以用户体验为中心的路线图?

粗鄙笨拙的用户体验是孤立或低效组织的产物,常常令人大失所望。为了摆脱这种窘境,组织必须心往一处想,劲往一处使,践行以用户为中心的跨职能协作。体验路线图有助于形成一条清晰且审慎的路径,将整个组织团结起来。体验路线图是一份以洞察力为基础的行动指南,具有举足轻重的作用。它会告诉你应该关注哪些东西,为什么需要关注这些东西,以及何时该去关注这些东西。

你为什么需要阅读本章?

本章内容将帮助你的企业:

- 清楚了解在给定的时间范围内应该关注哪些用户和端到端的体验。
- 清楚了解如何将用户路线图与更宏大的产品开发计划和业务计划联系起来。
- 路线图是一份经过深思熟虑之后才制订出来的行动计划,所有的内部团队和部门都会在该计划的指引下展开行动。
- 绘制每个系统中、每个特定用户的用户旅程中的所有场景或接触点。

创建体验路线图,谁是关键角色?

角色	谁会参与其中	职责
驱动者	体验战略规划者	• 定义体验设计 • 定义用户场景 • 完成用户洞察
贡献者	产品团队的主管 工程团队的主管	• 为识别用户场景的活动提供支持 • 完成业务洞察 • 确定产品目标

"体验路线图" 的注意力画布

用户
→ 哪一类用户对你的组织的商业成功影响最大？

用户体验与用户场景
→ 某个特定用户的用户体验是什么？
→ 对于已识别的用户体验，它们都关联到哪些用户场景？

设定优先级
→ 在某一确定的时间范围内，最关键的用户体验是什么？
→ 最低可接受的体验是什么？
→ 对于每一项体验，优先级最高的用户场景是什么？

洞察
→ 为了构建上述种种用户体验，需要哪些关键的业务洞察？
→ 已观察到的用户洞察有哪些？
→ 哪些用户指标和业务指标会受到影响？

协作
→ 为了让产品的用户体验广受赞誉，哪些内部干系人必须团结起来？

怎样实施

想要在创建体验路线图时取得事半功倍的效果，你需要注意：

1. 你的用户和系统

哪一类用户会对你的组织的商业成功产生最大影响？当然，除了你的用户，同时也包括参与整个体验生态系统的其他人士，如供应商、员工和合作伙伴。（参见第18章："体验的生态系统"）

示例

> 在亚马逊的图书生态系统中，用户包括读者、作者、出版商、版权编辑和众多KPF[1]格式化的程序。

组织所犯的最大错误之一就是只关注到了能够带来业务收入的用户，而忽视了能够帮助解决问题的员工、新入职的员工，以及与这些用户互动的员工。卓越的用户体验既不会从用户购买你产品的那一刹那才开始，也不会在用户买好产品之后就戛然而止。相反，用户体验始于用户第一次发现你的产品的那一刻，然后直至他不再是你的用户时才会终止。这段历程由用户与你的组织之间无数次的交互与接触组成。这些接触点与你的员工、合作伙伴或者供应商处处相关。所以，在定义"谁是对组织的商业成功影响最大的用户"时，必须考虑到这些干系人。

小贴士

> 卓越的用户体验既不会从用户购买你产品的那一刹那才开始，也不会在用户买好产品之后就戛然而止。

2. 定义用户在系统中的体验和场景

你的组织最希望了解哪些用户？你最希望为哪些用户精心策划用户体

验？请给这些用户设定优先级。一旦确定了他们的优先级，所有重要的用户体验和用户场景也就确立了。

体验：体验是用户在与你的组织产生交互的整个生命周期中都会留下的印象。体验对你的用户及业务都至关重要，卓越的体验设计会提升你的组织成功的机会。

 示例

> 加密货币交易类产品的体验可能包括：
> - 学习加密货币相关知识时的体验。
> - 认识并了解产品时的体验。
> - 创建账户时的体验。
> - 注册登录时的体验。
> - 第一次交易时的体验。

如果你无法确定某件事是否事关体验，可以应用以下测试。如果它满足以下三条内容，那就可以将其视为体验：

- 对你的用户或业务来说，它是一个重要的主题吗？
- 它涵盖的范围很大吗？
- 你能测量吗？

场景：在达成（也有可能无法达成）预期目标的综合体验中，用户经历过形形色色的独特场景。你正在评估的体验中所有可能出现的场景都需要确认并记录。

场景可以借由多种媒介产生，在技术方面的要求可以是零门槛（例如，朋友间的口碑、杂志），也可以是高度依赖技术（例如，计算机、iPad和语音）。为了设计出浑然一体的卓越用户体验，所有的场景及其伴随模式你都要考虑到，并且把它们一一设计出来。

示例

例如，认识并了解产品的体验，可能包括如下场景：

- 在台式计算机上搜索Google上的关键术语。
- 在iPad上观看广告。
- 在展会上看到线下广告，如小册子和横幅。
- 听取同事的意见，了解产品在用户中的口碑。
- 从杂志等平面媒体上了解产品。

3. 提取业务洞察和用户洞察

提取上述每一项体验中的关键业务洞察和用户洞察，并标示出它们之间的映射关系。贯穿用户生命周期的关键业务洞察通常可以分为以下几类：

- **接受率**：转化率、获客成本、每用户收入。
- **满意度**：净推荐值、客户满意度得分。
- **参与度**：用户流失比例。
- **效率**：每项体验设计的成本或工作量。
- **留存率**：续费用户比例。

关键的用户洞察可以通过直接收集用户的相关行为、声音片段等获得，也可以采用各种观察和调研手段获得。这些洞察可以揭示用户的喜好、需求、感觉以及渴望去做的事情（第28章："体验设计的指标"）。

示例

例如，以下是对多个用户在其计算机上安装新程序时进行调研后洞察到的一些情况：

- **注册登录**：用户需要有人指导安装软件的过程，以便他们学习。
- **效率**：用户喜欢在安装过程中添加多个设备，这样他们可以在下班后登录手机。
- **参与度**：用户需要一个简单直观的安装过程，当前的冗长过程以及大量展示的数据会让他们失去动力。
- **故障排除**：安装程序在开始故障排除过程之后让用户感到非常迷茫，因为他们无法清楚地了解当前状态和解决进度。

4. 策划设定优先级的活动，以便确定最低可接受的体验

为了确定优先级，请考虑更大的业务目标，这些可能包括：

- 接受率（获得新用户）。
- 满意度（让用户更满意，他们会把产品推荐给他人）。
- 留存率（维护现有用户）。
- 参与度（加深当前用户的参与度）。
- 效率（帮助用户更迅速地完成相同的任务）。

将你提取的业务洞察和用户洞察与你的业务目标和目的进行三角分析，这将有助于你在确定的时间范围内去处理那些对于用户和公司而言最关键的体验。然后，根据时间要求、影响度以及可行性对体验进行优先级排序。排在最前面的一定就是所有团队在给定时间范围内需要共同应对的体验。

示例

例如，如果你的企业最近涌入了大量新用户，你还收到了大量关于安装过程的投诉："安装过程烦琐冗长。"那么，此时"改善注册登录时的体验"就是你最需要关注的体验问题，也是你的团队需要优先考虑的事项。

💡 小贴士

　　一次可以确定跨越多个时间段的最高优先级体验，例如，最近1个月内的最高优先级体验，最近3个月、6个月、12个月或者18个月内的最高优先级体验。你需要同时拥有短期路线图与长期路线图，这样你才可以始终为用户提供卓越的体验。

　　确定产品的最低可接受的体验（Minimum Viable Experience，MVE），为每一项体验的所有场景设定优先级。每一项MVE必须考虑用户在整个用户旅程中的体验，并确保为用户旅程中的所有体验都至少精心设计一个场景。

✍ 示例

　　例如，为了增强"了解和认识产品"的体验，设计"数字网络广告"场景；为了增强"注册登录产品"的体验，设计"导览"场景；为了增强"游戏化用户参与"的体验，设计"推荐有奖"场景。

　　在最低可接受的体验之上是增强体验（More Enhanced Experience，MEE）和最具变革意义的体验（Most Transformed Experience, MTE）。参见本书第32章："用户体验的标杆"，该章更为详细地描述了这些体验的含义。

5. 增进跨职能部门之间的协作

在设计MVE和MTE时，将整个组织紧密地团结在一起。如果你正在努力完善你的产品注册和登录体验，你应该邀请销售部门、执行部门和客户成功部门团队参与其中的构思、洞察收集、寻求反馈等各种协作活动。卓越的用户体验不会停滞在某个特定的点位，你的工作是协调和汇集各方力量提供产品的转型体验。

 小贴士

提高整个组织的敏感性，建立协作文化，使之成为组织的习惯。

逸闻轶事：该由谁来完成迁移工作？

有家跨国软件公司花了18个月的时间来构建和设计产品，但在最终将产品推向市场时，用户却不买单。他们告诉该公司，他们费尽了九牛二虎之力才完成了上一次的部署工作并使之投入运行，所以并不打算卸载更换。他们说："毕竟，谁会帮助我们将数据从旧系统迁移到新系统上来呢？"

在这个组织中，数据迁移并非产品团队的职责。通常，这事由公司的专业服务团队完成，或者寻求系统集成商（如IBM、德勤）的支援。该公司的专业服务团队尚未对此做好准备，所以无法帮助用户完成数据迁移工作。于是，在等待了又一个18个月之后，一切才开始正常运作。

该公司没有站在整个用户旅程的角度考虑方案，也没有考虑如何将组织内的多个不同职能部门（如销售、产品、专业服务）联合起来协同作战。如果他们使用了体验路线图工具，将会为他们节省一年半的时间与资源，他们也不用承受丢掉巨额订单的损失。

如何最大限度地发挥本章内容的价值

- 为每一个会对你的业务产生重要影响的用户创建体验路线图。

- 确保每一个体验路线图都有一个责任人，可以是体验战略规划者，或者其他指定人员。

- 目标：在定义体验的愿景前的90天内完成体验路线图。

- 在考虑每种体验中用户环境和技术模式变化的前提下，扩展路线图。

- 横向记录体验，以识别任何可能的关系、重叠或冲突。

- 参照第28章："体验设计的指标"，定义你的体验指标。

本章总结

　　卓越的用户体验并非偶然，需要深思熟虑的策划、严谨有序的战略和始终如一的"体验优先"的思维模式，需要整个组织携起手来为用户构建一体化的体验。

相关章节

第14章 用户同理心　　　　　　　第28章 体验设计的指标

第29章 有效管理和应用调研成果

第20章

体验的愿景
——如何创建能够激活组织的体验愿景?

在UXReactor公司服务过的组织中,大多数对其用户体验都没有清晰的愿景。愿景是你的远大抱负,表明你希望为你的用户提供世界级体验,它也是指引你的团队团结一致、努力奋进的北极星。本章"体验的愿景"将助你了解如何在组织中创建和激活美好愿景。

你为什么需要阅读本章?

本章内容将帮助你的企业:

- 确保组织中的每个人都朝着共同的目标奋进。
- 为用户创造出与众不同的世界级体验,超越竞争对手。
- 获得更高的用户忠诚度和满意度。
- 帮助你的组织转变成目标驱动型组织。

创建体验的愿景,谁是关键角色?

角色	谁会参与其中	职责
驱动者	体验战略规划者 首席体验官	• 确定愿景,并与合作伙伴沟通愿景 • 为不同层级岗位的人员实施有针对性的绩效管理
贡献者	体验设计师和他的合作者(如产品经理、工程经理)	• 与驱动者保持密切合作,利用用户洞察来定义和阐明体验的愿景 • 传播愿景,并与各个团队分享愿景 • 在日常工作中自觉与愿景的真实意图保持一致

"体验的愿景"的注意力画布

体验的愿景
→ "为用户创造一个全新的世界"的远大抱负具体指的是什么？
→ "为用户创造世界级的用户体验"具体指的是什么？

愿景的实例化
→ 你将以何种方式表达你的愿景，以便其他人能够看到、感受到，并深刻理解它？
→ 如果给你的愿景构造一个"原型"，它应该是怎样的？

一致性
→ 为了实现你的愿景，哪些人士需要参与其中？
→ 何时、何地、采用何种方式与这些人士沟通并完善你的愿景？
→ 在组织层面上，可以采用哪些方式来衡量愿景的达成情况？

策划
→ 为了达成愿景，需要引入哪些不同以往的新流程、新文档和新的工作产品？

治理
→ 每隔多久衡量愿景的达成情况？
→ 需要建立怎样的机制以保证组织的每位成员都拥有强烈的责任心并觉自觉心与组织的愿景保持一致？

怎样实施

想要在创建体验的愿景时取得事半功倍的效果，你需要注意：

1. 明确定义体验的愿景

要想明确定义体验的愿景，必须确定存在于系统的情景之中的所有用户（参见本书第18章："体验的生态系统"）。这些用户既可以是外部用户，也可以是内部用户，包括付费用户、帮助交付卓越的用户体验的合作伙伴，以及在幕后从事协调工作的员工。

那些对公司至关重要的关键用户，你首先需要为其构建体验路线图，并需要考虑优先交付哪些最关键的体验，优先实现哪些用户需求，优先解决哪些问题（参见本书第19章："体验路线图"）。

对于识别出来的最高优先级体验问题（详情请参见本书第32章："用户体验的标杆"），需要通过市场分析寻求解决方案，进而识别出最具变革意义的体验。

根据上述对最具变革意义的体验的理解，回答以下问题：

- 当用户畅游于你的系统中时，你希望为他们创造出的"理想新世界"是一种怎样的体验？

请试着用你自己的语言来给出你自己的答案。理想情况下，你应该能够采用如下句式回答该问题：

- "我们将创造一个崭新的世界，在这里用户将会……"
- "想象一下：在这样一个崭新的世界（情境）里，将会发生如此神奇的事情（描述体验）……"

如下的陈述方式将有助于你清晰地表达体验的愿景：

- 我们将创造一个零售商可以与遍布全球各地的顾客畅快交流的世界。
- 想象一下：在这样一个崭新的世界里，在你发布空缺职位之后的几秒钟内，根据你之前的面试笔记，市面上所有的顶尖候选人都会被自动识别出来，无一例外。

通过协作、构思和头脑风暴活动，为系统中的用户提供最佳体验。最优秀的体验一定可以解决用户的所有痛点（例如，效率低下问题），最优秀的体验也一定会关注到用户所有的需求。

2. 如果要给你的愿景构造一个"原型"，它应该是怎样的？也就是说，你如何将愿景实例化？

此举是为了能够将你的愿景从文字形式转换为另一种形式，让你组织中的其他人士都能够看到、听到和感受到它。一个可以点击的界面原型是一种典型的做法，此外还有形形色色的方法可以以更生动的方式呈现愿景的形态——故事板、角色扮演以及绘制一系列草图等，可以以引人入胜的方式传达你的愿景，令人过目不忘。或者你也可以打破常规，拍摄一个短剧或者短视频。以上这些做法都是为了能够以直观的方式向人们"展示"愿景，而不是通过口头语言"表达"愿景。只有当其他人也像你一样能够勾勒出你心目当中的绚丽愿景时，它才更美更强大。

用故事板展示愿景　　用模型展示愿景　　用短视频/短剧展示愿景

3. 在组织内分享愿景和愿景实例，并达成共识

现在，是时候将体验的愿景付诸实践了。

- **干系人参与**：识别并确认在组织内能够实现这一愿景的关键人物和部门，把他们组织起来，使其与公司的体验愿景保持一致。一个伟大的愿景是具有感召力的，每个人都应该对愿景了如指掌，时刻都在思考：为了达成愿景，我需要做什么？

- **沟通计划**：你需要一份切实可行的沟通计划。想一想，为了分享体验的愿景，巩固大家对它的认知并努力实现它，你都可以使用哪些平台和媒介。沟通必须以适当的频率进行，这样才能让团队时刻保持足够的敏感度，让愿景深入人心。

- **一致性**：确定衡量愿景达成情况的指标（参见本书第28章："体验设计的指标"），制订达成的计划（参见本书第35章："产品体验策划"），调整团队的计划和预期成果。请记住，这项工作是跨职能的协作工作，因此，你应该同步执行上一章讲到的体验路线图，并与其保持步调一致。

💡 **小贴士**

作为入职流程的一部分，与新员工分享你的愿景实例。你在越多场合分享你的愿景，达成愿景的可能性也就越大。

4.制订适当的计划以启动愿景

愿景实例就像北极星一样指明方向，而体验路线图（参见本书第19章："体验路线图"）则是指引你达成愿景的导航仪器。路线图就是体验设计的蓝图，包含团队应该优先考虑解决哪些问题。

记住：你需要动员组织中的每个人，关注在组织内外产生的每一个工作产品。它们都在为用户创造完整统一而又美妙神奇的体验中发挥着不可替代的作用。

然后，通过微型试错逐步改进和完善体验。记住，要测试，迭代，再测试。

5.持续治理，不断改进

一旦你创建了自己的愿景，这项活动就不会停止。你需要不断确认，当前引入市场的新技术、新能力是否会给愿景带来新的变化？

使用关于体验的衡量指标和业务指标来衡量你的组织达成愿景的程度。

对早期并未纳入优先考虑的愿景要素也不要弃如敝屣，不断调整你的愿景策划，因为现在看来不可行的东西兴许在几年后就可以变为现实。

逸闻轶事：知识导航器

1987年，苹果电脑的设计团队启动了一个雄心勃勃的项目——畅想在23年之后的2010年，苹果的产品和相关的用户体验会是什么样子。他们用视频的方式录制了一些对未来的畅想，其中有一个被称为"知识导航器"。在视频中，一位来自加州大学伯克利分校的教授与一位数字助理进行了交谈，这位数字助理帮助他重新定位和更新课堂笔记。教授还能与同事进行视频通话（此时Skype甚至还没有发明），并从一个大型的网络数据库中提取一系列信息。

在一个人们普遍还用键盘和鼠标执行所有计算机操作的时代，这些仅用声音和手指触摸就能执行的复杂操作的确令人大开眼界。2010年上市的iPad具有1987年视频中就畅想的许多功能和体验，这也并非巧合。

苹果通过这个项目建立了体验的愿景。很明显，该组织将"知识导航器"作为他们对未来23年"全新世界"的愿景。

如何最大限度地发挥本章内容的价值

- 在执行之前一定要定义愿景。
- 畅谈未来体验的成效，注意不要阐明如何实现该项成果。
- 理解用户不仅仅是理解那些付费用户，还包括有助于改善最终用户体验的个人或组织。

- 为会对组织产生重要影响的每位用户创建愿景。

- 给你的愿景起一个名字（例如，知识导航器），让每个人都可以印象深刻。

- 寻求他人的帮助，建立一个倡导者的社区，让愿景可以传播得更广泛。

- 定期更新规划你的愿景。随着时间的推移，现在看来遥不可及的事情几年之后可能就会变成现实。

本章总结

大多数组织没有为他们的用户体验设置一个愿景。如果你想在市场上赢得竞争，你需要为你关心的每一位用户创建一个体验愿景。投入时间创建这个愿景，并且围绕它制订行动计划，这会给你的公司和产品带来翻天覆地的变化。

相关章节

第14章 用户同理心   第18章 体验的生态系统

第19章 体验路线图   第28章 体验设计的指标

第32章 用户体验的标杆

第34章 设计要解决的问题，设计要抓住的机会

第21章

招聘
——如何招聘体验设计师?

招聘体验设计师是组织实施变革的关键一步。然而,许多公司过分注重工具和技术的作用,对未来员工的思维模式和解决问题的技能却漠不关心。本章将为你如何找到体验设计师以推动组织的业务增长提供指引。

你:为什么需要阅读本章?

本章内容将帮助你的企业:

- 招募到具有相关技能和思维模式的、笃信"以体验为中心"的设计师。
- 参照行业标准和最佳实践制订行之有效的招聘流程。
- 找到必需的人才以推动你的业务拓展。

招聘体验设计师,谁是关键角色?

角色	谁会参与其中	职责
驱动者	首席体验官	• 定义招聘标准 • 支持招聘人选甄选过程 • 向各位面试官征询意见,并整合在一起
贡献者	体验设计师(包括体验战略规划者、用户调研人员) 同行从业人员(如产品经理、工程团队负责人) 最高领导层(如首席产品官)	• 担当面试官 • 共同确定招聘标准 • 反馈面试结果 • 向招聘小组汇报候选人情况

"招聘"的注意力画布

角色

→ 你想要招聘的是哪一类角色？

→ 该角色如何满足大型团队和组织的需求？

→ 通过何种渠道找到该角色？

标准

→ 你的组织的价值观是什么？怎样的候选人才是最适合组织文化的候选人？

→ 候选人是否拥有必需的思维模式？

→ 候选人的背景和经历是否符合该角色的要求？

→ 候选人是否具备所需的软技能？

协作者

→ 哪些人士需要介入到面试流程当中？

→ 您是否拥有一支多元化的团队，以确保意见的多样性，并保证最终决策的客观性？

流程

→ 招聘流程都包含哪些步骤？例如，简历筛选、电话面试、组合面试、现场解题（完成一项设计）、意见收集以及最终决策。

怎样实施

想要在招聘体验设计师时取得事半功倍的效果，你需要注意：

1. 角色

一般来说，除了首席体验官，体验设计师还可以细分为以下五种角色：

- 体验战略规划者。
- 用户体验调研员。
- 交互体验设计师。
- 视觉体验设计师。
- 内容体验设计师。

根据组织的成熟度，确定待招聘角色的优先级，终极目标是将那些拥有不同专业技能的人士有机地组合一起，构建一个完整的能力集合。

组织成熟度	最高优先级角色	典型情况下团队的规模	典型情况下体验设计师的任职年限
初创型公司	交互设计师	1~3 名设计师	3~5 年
中等规模的公司	体验战略规划者	4~8 名设计师	1~6 年
大公司	首席体验官	9 名以上设计师	0~15 年

 小贴士

理想状态下，体验设计师与研发工程师的比例为：

- B2B业务类型的公司——1：15。
- B2C业务类型的公司——1：5。

记住，招聘体验设计师并非易事。伴随着组织成熟度的提升，在招聘最低端和最高端职位时都要保持高度的灵活性，这样才可以确保人才梯队建设的可持续性。

一旦你确定了需要招聘哪些角色，那就去那些优秀人才聚集的地方。如果要招聘初级设计师，你可以去那些开办有设计创新俱乐部的大学。如果要招聘中高级设计师，你可以鼓励公司内部员工推荐，或者从那些已经实现"以体验为中心"的转型的组织里寻找候选人（或者曾经在那里工作过的人士）。

小贴士

当你为"岗位描述"撰写"能力要求"时要特别小心。许多组织只规定了在设计实践方面的技能（如线框图制作、熟练运用Figma等）。但事实上，如果他们需要的是体验设计师，希望这些人员可以担任强有力的问题解决者，那对于候选人的能力要求是必须体现出必要的思维模式和知识储备。（参见第8章："以用户为中心的组织的思维模式"）

2. 让合适的内部干系人参与面试和评估候选人的过程

考虑到整个用户体验设计工作都需要高度协作，所以你需要让组织内相关部门的人员也参与到招聘过程中来，此举可以帮助你做出正确的决策。面试官最好由一组不同资历、背景和专业知识的人员组成，这样才能够保证以不同的视角和观点做出正确的决策。至少，你应该让产品和工程团队的内部干系人参与进来，因为这些团队与体验设计师的合作最为密切（参见本书第10章："用正确的方法找到正确的人"）。

3. 招聘标准要涵盖多个维度

为不同的岗位定义一系列招聘标准，并且保证其可扩展性。根据不同角色的具体情况，你可以增加不同类别的招聘要求，或者可以选择将某些类别置于其他之上。不管怎样，所有设计师和设计部门高管的招聘要求清单里应该涵盖如下维度：

- **文化契合度**：如果候选人自身的价值观与组织的价值观不相符，那么他们就不会成功。组织中的每一位成员在建设和巩固组织文化方面都发挥着关键作用。因此，在整个面试过程中，他们必须证明自己符合组织的价值体系，必须展现出自己在推动文化建设四大支柱方面的能力（同理心、协作、创意构思与试错迭代）（参见第16章："体验设计的文化"）。例如，候选人可以通过将其设计融入用户洞察的方式来展示自己的同理心。

- **思维模式**：思维模式能够体现出候选人能否在组织中长期发展。我们建议组织在面试过程中寻找具备五种思维模式（设计导向的思维模式、体验导向的思维模式、系统导向的思维模式、业务导向的思维模式以及结果导向的思维模式）的候选人（参见第10章："用正确的方法找到正确的人"）。在面试过程之后，通过询问以下问题来评估候选人的思维模式是否符合组织的要求：应聘者能否从全局出发考虑问题？他们展现出自己解决问题的能力了吗？他们能从宏观上考虑系统与特定问题的连接吗？他们是否对持续成长、终身学习抱有浓厚兴趣？

要想评估候选人结果导向的思维模式，可以请候选人回答这个问题："讲述一下你为团队带来影响的某次经历。"从他们的回答中，你可以评估他们对"影响"的理解以及他们的实际推动力。

- **技术**：候选人是否具备相关背景和经验？能否胜任这一岗位？他们是否展现出了自己能够完成高品质设计的能力？如果他是一位从其他岗位转岗而来的内部员工，或者打算重新定位自己的职业发展通道，那么哪些既往经验可以借用，以证明他们会转岗成功？

在UXReactor公司，所有体验设计师每天都要与客户保持密切合作。因此，我们特别看重那些曾经担任过面向客户职位的候选人，例如，销售、业务拓展和咨询顾问，因为我们知道他们更有可能在我们公司茁壮成长。

- **软技能**：体验设计师需要能够将他们的设计准确无误地传递给非设计人员。他们需要主动寻求协作推动跨组织沟通，他们应致力于消除组织内的孤岛。他们心怀用户，时刻关注那些大牌企业，也关注自身。这样才能在这个蓬勃发展的职业中不断精进。他们还需要拥有主人翁意识，勇于承担责任，这样才能为用户提供最佳体验。

杰出的设计师与平庸的设计师之间的五大区别

平庸的设计师	杰出的设计师
只会对着屏幕讲述："界面设计一开始是这样的，你点击一下这个按钮它就变成那样……"	关心用户、用户旅程，以及设计师应该如何有效地解决问题
只能回答与其技能和工作产品相关的问题	能够回答与产品、业务和工程等其他领域相关的问题。例如，"为什么需要构建此功能？为什么其他用户并不需要它？"
只清楚正式传达给他们的需求，例如，"我之所以这样做是因为项目经理在项目的待办事项中确定了这一条。"	他们对正在设计的系统"如何交付卓越的体验"有自己的见解
对宏观的产品和用户生态系统一无所知。例如，他们很难回答："如果一项设计决策是在流程进展到某一步骤时做出来的，那么该项决策对整个生态系统的影响是什么？"	他们可以清楚地描述出体验生态系统的格局，明确地阐明产品和用户的所有接触点
他们热衷于"谈论"体验，喜欢参与各种头脑风暴活动	他们广为传播体验思维。他们也能快速思考，喜欢用钢笔、铅笔、马克笔在白纸或者白板上"画出"自己的思考

4. 制订具体的招聘流程

在确定了招聘标准之后，你可以使用以下组件制订招聘不同岗位设计师的流程：

- **简历筛选**：简历筛选是一个在组织内部执行的步骤，旨在通过审查应聘者之前的背景和经验以便找到在技术上合适的人选。此步骤要回答的关键问题是：这位候选人在这个岗位上取得成功的可能性有多大？
- **电话面试**：电话面试是你与候选人之间的第一次实时互动。本阶段的目标是评估候选人与组织文化的契合度，以及他们加入团队的意愿是否强烈。你可以将电话面试视为你与应聘者之间的一次对话交流。良好的文化契合度可以让组织做到兼收并蓄，从而为团队带来更多创意。这也是我们去了解更多超出其专业背景的人士的大好机会。

在UXReactor公司，电话面试一般都是我们用来"恐吓"候选人的手段。我们会对他们坦诚相告：如果加入公司，他们可能面临的所有挑战。这样可以让他们提前做好心理准备，确保大家从一开始就配合默契。

- **组合面试**：组合面试就是候选人展示其最佳工作成效的机会，组织也可以全面、系统、深入地评估候选人的设计经验。虽然对每一位候选人设计的组合面试过程不尽相同，但基本上都会去深入测试他们的设计理念、之前的工作经历以及他们的沟通技能。可以围绕这些问题来评估他们的能力：

  □ 你曾解决过哪些问题？（结合相关背景）

  □ 为什么这个问题很重要，必须得到解决？（解释这个问题的相关性）

  □ 你是如何解决它的？（讨论过程）

  □ 你如何知晓问题确实得到了解决？（分享结果）

- **现场解题（完成一项设计）**：现场解题可以让面试官评估应聘者的工作品质，他们的思维是否全面，以及他们如何探讨并优化自己的设计。通常，在组合面试之后会有一项现场解题的测试，让候选人完成一项设计。问题可以非常灵活，例如，"你如何设计一个时光机？"；也可以非常具体，例如，"你将如何为A公司设计一个结账流程？"。此外，测试还要加上一些时间以及范围的约束条件。需要评估候选人的关键素质，例如，他们对问题的理解程度以及陈述假设，他们如何厘清问题并构建思维过程，以及他们如何传递设计，包括如何与面试官互动。

- **意见收集与最终决策**：招聘过程可能持续数周，涉及整个组织内多个不同的干系人。招聘过程的关键是要有一个规范、及时地收集和整合面试过程中各个阶段的所有反馈意见的机制。此外，应该以面试官本人的意见为基础，以保密的方式收集，此举可以避免对其他面试和招聘决策产生偏见。

逸闻轶事：3个月内将团队人数从0拓展到12

我们曾经接受过一项任务：为一家名列"财富100强"的公司从零开始组建一支设计团队。该公司从未面试和招聘过设计师，因此没有建立任何流程。招聘人员不知道如何筛选简历，也无法通过关键字搜索来筛选候选人，这是他们在招聘其他职位员工时的一贯做法。

首先，我们建立了一个与本章内容类似的招聘流程。接着，我们花了几个月的时间来描述职位，设计面试流程，指导团队如何面试，并且定义了用于评估候选人的评分标准。在整个系统建立完成之后，该公司在不到3个月的时间内就成功地将团队从0人拓展到了12人。由于整个招聘流程细致规范，运作过程严谨有序，每一位招聘来的新伙伴都能够立即投入工作，且工作成效都超出预期。

只有当你的团队变得强大之后，你自己才能变得强大。所以你必须提前投入必要的时间来制订严格的招聘流程。为了获得高素质的人才，当下严格规范的流程能够最大限度地减少未来新伙伴因绩效不佳和文化适应不良而给你带来的损失。

如何最大限度地发挥本章内容的价值

- 候选人是也是你系统中的用户。应该将面试视为一种双向对话机制，给他们提供良好的面试体验，让他们感受到被重视和尊重。
- 不必过分强调技术背景。技能和知识都可以通过他人传授而掌握，但态度和思维模式却不能。

- 面试官要来自不同部门，拥有不同的背景与经验，这样可以对候选人进行全面评估。

- 定期评估并持续改进你的招聘流程。随着时间的推移，它会变得更完善。

- 一位设计师在被雇用之后大约需要6~9个月才能完全发挥其作用。如果精心安排一系列的培训活动，能够让他们在前两个月内就熟悉用户、熟悉业务、熟悉产品，则可以大大缩短这段磨合期。

本章总结

卓越的体验实践始于聘用合适的人才。重新审视你如何定义和识别职位来源，精心设计遴选候选人（通过现场解题、组合面试等手段）的步骤和标准，以及充分引入跨职能决策者参与招聘过程，调整你的招聘流程。人才是你最大的财富，因此，当下你就应该着手制订高效的招聘流程，随后就能享受到这一举措的收益。

相关章节
第16章 体验设计的文化

第22章

职业发展通道
——如何让体验设计师在其职业生涯中茁壮成长?

用户体验设计不是一系列技能的集合,而是一个新兴的职业。本章将帮助你的组织为体验设计师规划出一条职业发展通道,培养他们成为未来的战略型业务领袖,直到他们成为首席体验官。

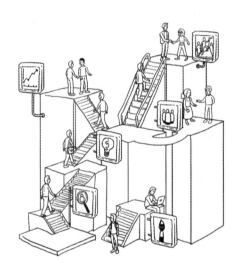

你为什么需要阅读本章?

本章内容将帮助你的企业:

- 以系统化的方法,采用已经过实践检验的技术来评估设计师的能力,并且拓展他们的能力。
- 快速提升组织的体验设计成熟度。
- 开始通过用户体验设计来实现业务增长。

构建体验设计师的职业发展通道,谁是关键角色?

角色	谁会参与其中	职责
驱动者	首席体验官	• 促进职业发展通道的建设 • 根据职业发展通道的要求管理并跟踪人才的绩效
贡献者	体验设计师(用户调研人员、视觉体验设计师) 其他伙伴(产品设计人员、人力资源部经理)	• 参与职业发展通道的建设

"职业发展通道" 的注意力画布

员工个人的职责

角色

→ 不同职级的设计师各自负责哪些工作?

→ 在职业发展通道上,设计师当前处于什么位置?

思维模式

→ 对这个职级而言,哪些思维模式是必须的?

→ 每一种思维模式必须掌握到何种程度?

决策判断

→ 不同职级人员将负责何种层级的决策?

培养环境

→ 你该如何促进环境建设?

→ 你将倡导哪些行为?

在组织层面的影响力

组织在体验方面的成熟度等级

→ 该职级人员将怎样提升组织在体验设计方面的成熟度等级?

人员管理

→ 对于该职级人员而言,正式的或者非正式的人员管理工作都有哪些?

人际动力学

影响力

→ 该职级人员应拥有多大程度的影响力?

沟通与协作

→ 这个职级人员将与谁一起协作?

→ 这个职级对于口头和书面沟通的要求有哪些?

影响面

→ 该职级人员将承担哪些职责?

治理

→ 如何做好组织内职业发展通道的管理? 如何做好组织的人才梯队建设?

怎样实施

想要在构建职业发展通道时取得事半功倍的效果，你需要注意：

1. 员工的各个岗位职级

- **职级**：在组织内识别并确认职业发展通道上的每一个职级。体验战略规划者是成为首席体验官之前最难攀登的级别之一。它要求员工能充分理解业务，并且五种思维模式都能达到最高水平。此外，他还要承担更大的责任，提高自己的影响力，与团队成员和内部合作者团结协作。

职级	角色	当前业界的通用称呼
1	新手	入门级设计师
2	设计师	设计师（能够独自完成工作）
4	体验战略规划者	总监、高级经理、经理
6	首席体验官	管理层、副总裁、总经理

- **思维模式**：思维模式应该是你在确定招聘和晋升人选时用来评估候选人的标准之一（参见第8章："以用户为中心的组织的思维模式"）。随着个人的职业发展，某些思维模式将会变得更加重要。

思维模式	新手	设计师	体验战略规划者	首席体验官
设计导向的思维模式	中	中	高	高
系统导向的思维模式	低	中	高	高
体验导向的思维模式	低	中	高	高
业务导向的思维模式	低	低	中	高（承担企业盈利与亏损的责任）
结果导向的思维模式	低	中	高	高

 小贴士

不要将职业发展通道与绩效混为一谈。

- **决策和判断能力**：随着个人的职业发展朝着首席体验官方向不断前进，工作范围和职责也在不断加码。他们将会拥有更多的信息来源，但也会被要求做出更多决策，这将对其他部门、团队和整个公司产生连锁反应。因此，能够及时做出正确的判断成为一项关键能力。随着个人在组织中的发展进步，这种能力将更加重要。可以对他们最近3~6个月的决策进行抽样分析（他们的决策都导致了怎样的结果），借此系统评估他们在这方面的能力。

2. 在组织内的影响力

- **影响范围**：要根据人才的影响及其推动衍生的成果来评估人才，而不是仅仅根据他们自己的工作成果。随着时间的推移，个人所能影响的范围也在不断扩大。例如，新手只会影响他自己的交付成果。然而，随着他们在职业发展通道上不断成长，他们的影响范围也会逐渐扩大到项目、产品、产品系列甚至用户级别。最后，作为首席体验官，他们将直接对组织的盈亏负责。首席体验官负责督导和运营整个组织的用户体验设计活动。他们还要为组织的盈亏负责，要考虑组织的最高及最低营收目标。无论职级高低，所有人员都有责任为组织和用户交付成果。

	新手	设计师	体验战略规划者	首席体验官
影响范围	他负责的那一项交付件	他所在的项目	各项用户体验	组织＋盈亏

- **组织的体验设计成熟度**：许多公司仍然只对以体验为中心的重要性以及如何在整个组织中整体实施体验设计有基本的了解。因此，职业发展通道上的每一个职级都应该被设置一项能力要求：能够识别组织当前的体验设计成熟度水平，并且能够提升组织的成熟度水平（参见第23章："体验转型规划"）。

- **人员管理**：在其职业生涯早期，设计师只对自己的行为负责，至多也就是作为他人的非正式导师。之后，他们将正式承担人员管理的职责，并对团队整体的交付能力负责。下面的表格描述了不同职级人员需要承担的正式与非正式的人员管理职责。

类别	新手	设计师	体验战略规划者	首席体验官
担当导师的能力	新员工，被指导	指导新手	培养跨职能团队	培育整个市场
团队管理能力	不需要	管理个人	管理产品线 / 业务单元	组织级

3. 拓展人际动力学[1]方面的能力

- **影响力**：影响力的定义是"对他人、团队、流程、性格或行为产生影响的能力"。无论是否存在正式的影响，每个职级的设计师其实都有能力对周边产生影响。每个人的影响力水平其实都是伴随着他的职级晋升而逐渐提升。体验战略规划者和首席体验官都是有富有远见的人物。体验战略规划者是产品层面的梦想家，而首席体验官则是组织层面的梦想家，激励整个组织将用户体验作为创新的引擎。

职级	特征
执行者	影响他人按照定义好的方式完成任务、交付成果
管理层（影响者）	促使团队超越自我、大胆尝试，借此实现某个特定的目标。他们惯常使用创造性的手段管理团队以取得成果
变革倡导者	他们充满激情，不受常规思维及条条框框的约束，激励他人以全新的视角看待世界。他们催生变革，创造出新的天地

- **协作和沟通**：协作和沟通是各个职级人员都需要掌握的技能。设计师需要与公司中的干系人无缝协作。他们必须是友好合作的队友，具备熟练的书面和口头沟通技能，这样才能清晰地传达用户体验、设计以及建议。

---

1 人际动力学是斯坦福大学商学院最受欢迎的MBA选修课程之一，后由该课程的两位长期讲师大卫·布拉德福德（David Bradford）和卡罗尔·罗宾（Carole Robin）整理结集出版了*Connect: building Exceptional Relationships with Family, Friends, and Colleagues*一书并公之于世。该课程的核心在于，如何发展稳固的人际关系，并以此为基础使彼此成为更加优秀的人。——译者注

4. 精心培育有利于人才成长的环境

设计师需要一个朝气蓬勃的、有利于其成长的组织环境。有利于人才成长的环境特指员工不用担心犯错误的环境，他们感受得到来自团队、领导和组织的包容和支持。这样的环境给人才成长提供了充足的机会，促使他们不断挑战自我，不断学习和成长。以下是有利于人才成长的环境的一些常见特质：

- 组织提供内部和外部培训机会，帮助员工培养其关键技能和思维模式，例如，沟通技能、业务洞察力、人员管理以及其他在职业生涯不同阶段所需要具备的人际动力学方面的技能。
- 定期举办多种形式的知识分享活动，例如，午餐学习会、跨职能知识分享。
- 团队成员不断接受更大的挑战，承担"高于他们水平"的责任，例如，让架构师领导梳理工作流的工作。
- 队友和领导者不畏惧失败，勇于分享失败故事。
- 创建"沙盒"环境，可以让员工充分测试和提升自己新学的技能，例如，黑客马拉松活动（实践产品创新和产品设计）。

5. 持续改进

职业发展通道不仅是一份可以灵活调整的文档，同时也是一个需要持续管理和改善的人才管理体系。制订流程以确保对人才的持续培训、持续评估和持续培养。此外，每年还应策划一次薪酬评审活动，以确保人才得到与其才能相适应的薪酬与激励。

逸闻轶事：人才流失问题

杰克在一家中等规模的科技公司担任了八年的设计师。这八年中，杰克一直都是公司里唯一的设计师。近期，杰克告诉他的经理，他打算离开公司去寻找新的机会，因为在公司里他的专业素质再也得不到提升。杰克的案例并非偶然。组织人才流失的速度往往超过了培养和留住人才的速度。

设计师离开公司主要有以下三个原因：

- 第一，他们感到自己已经停滞不前。
- 第二，他们看不到一条为他们设定好的、切实可行的职业发展通道，在这条通道上他们需要不断接受挑战，但也被时刻精心培养。
- 第三，他们得不到足够的来自专业团队的支持。组织并没有建立一支专业团队来满足不断增长的需求。

大多数组织都将设计视为一种可有可无的手段，无外乎在产品发布之前设计两个屏幕等这些细枝末节的东西，或者改进产品的外观和给人的感受，使产品在视觉效果方面与最接近的竞争对手看齐。他们不认为设计是一项关键的业务功能，没有意识到设计师也是一名战略领导者，可以对业务增长发挥巨大作用。

遗憾的是，这些潜在问题最终导致了员工流失。员工流失的成本其实很高，考虑到招聘、面试和培训所耗费的资源，有时可能高达员工年薪的1.5~2倍，为了防止这种大规模的资源流失，建立一支角色完备的团队是必须的，而且还应当为团队中像杰克这样的人才提供一条充满活力的职业发展通道。

如何最大限度地发挥本章内容的价值

- 根据工作成果和影响力（而不是仅凭年资和任期）提拔人才。

- 运用本章中提到的"设计师应有的素质"来拓展你现有的职业发展通道。

- 为体验设计师提供充足的机会，推动组织的文化变革，推动组织发展壮大。

本章总结

　　体验设计是一个新兴职业，而不只是一系列技能的集合。如果你不把它当作一个新兴职业，你就会不断流失人才。必须建立一条职业发展通道，让你能够管理、培养和壮大你的设计人才梯队，这样你的组织才能通过用户体验设计推动业务增长。

相关章节

第17章 共享同理心　　　第18章 体验的生态系统

第23章 体验转型规划

第23章

体验转型规划
——如何为体验转型创建一份稳健有序的规划?

许多领导者认为,成为像爱彼迎和苹果这样的用户至上的公司的秘诀就是斥巨资成立一支设计师团队。事实上它需要的更多,它需要的是一套支持用户优先策略的组织级体系,旨在培养和支持业务设计价值的系统(参见本书第7章: "正确运用系统的力量")。

本章"体验转型规划"将解构这套体系中的所有关键组件,使你能够围绕此战略定义、运营和管理组织级体系。

你为什么需要阅读本章?

本章内容将帮助你的企业:

- 为体验设计投资,实现有价值的投资回报。
- 为体验设计规划的方方面面建立一个可持续发展的系统,并为此而引入适当的工具和技术。
- 促使组织切实关注用户、关注用户体验,从而实现差异化的市场战略,提升长期价值。
- 了解如何使用体验设计来推动业务增长和创新。

规划体验转型,谁是关键角色?

角色	谁会参与其中	职责
驱动者 首席体验官	首席体验官	• 制定愿景,制定战略 • 制订规划 • 测量体验转型的实施效果和影响度 • 推动组织变革
贡献者	体验设计师 内部干系人 外部干系人	• 通过日常行动促使达成愿景 • 与组织中的各个团队精诚合作 • 报告衡量指标数据

"体验转型规划"的注意力画布

成果

→ 谁是你的用户？他们的需要、价值观、动机分别是什么？他们所处的情境又是怎样的？

→ 你的业务需求是什么？你的业务目标与发展动力又是什么？

体验的愿景

→ "为用户交付世界级的体验"这个远大抱负具体指的是什么？

→ 为了创造出卓越的体验，你需要优先考虑的体验与场景有哪些？

人员

→ 谁负责为用户交付卓越的用户体验，从而提升用户忠诚度？

→ 员工必须具备哪些思维模式？你将如何做好组织的人才梯队建设？

流程

→ 为了做好体验设计、为了给组织创造更多价值，你需要定义哪些流程？

环境

→ 为了能让员工以最饱满的精神状态做好工作，你需要营造出怎样的文化？

→ 组织应该搭建出怎样的办公环境？

→ 组织需要投入使用哪些工具以激励团队协作？

治理

→ 你将如何定期监控和评估该计划的执行情况？

→ 你将使用哪些衡量项？

怎样实施

为了创建一份切实可行的体验转型规划，你需要注意：

1. 对用户和公司阐明结果

将宏观的用户至上战略提炼为对用户侧和业务侧可见的、可衡量的结果。关于结果的陈述一定要精准、明确，能够将你的预期以完整清晰的可视化方式展现出来。应该同时使用定性和定量两种方式描述它：

- **定性**：阐明预期的结果在实现之后，对用户和业务会产生怎样的影响。
- **定量**：阐明用户优先策略预期的改进成果数值。

描述结果的一般性句式如下：

宏观的方法+改进方向（如增加/减少）+ 改进单位（如时间）+ 可供使用的改进测量项（如5%）

2. 制定体验的愿景，以夯实你的战略

基于你对用户的了解，为每一个关键用户阐明体验的愿景，阐明你的远大抱负——为用户提供世界级的体验（参见第20章："体验的愿景"）。

体验的愿景应包括用户愿景和产品愿景，它可以进一步夯实用户至上的战略，进一步阐明你预期的结果：

- **用户愿景**："我们将创造一个崭新的世界，在这里用户将会……"
- **产品愿景**："在这个崭新的世界里，产品将用于……"

为了将你的愿景付诸实践，你还需要制定一个践行用户至上战略的路线图，根据用户旅程的情境、需求紧迫程度以及机会大小等因素（参见本书第19章："体验路线图"）做出决策，并制订行动计划以促进跨职能团队行动一致，朝着愿景努力前行（参见本书第35章："产品体验策划"）。

构建一个组织级的体系来实施战略、达成愿景。这个组织级的体系里包含四个主要的组成部分：思维模式、人、流程和环境。构建的过程从延揽合适的人才和培养批判性思维开始。

3. 招聘和培养合适的人才，推动愿景有效达成

如果你想改造自家的住房，你会招募具有高度专业技能的人（如建筑师、木匠、电工和水管工）以确保改造成功，你的钱不会白白打了水漂。同样，你的组织需要具备必要技能和经验的合适人员以完成体验设计，达成体验的愿景。在你为体验转型规划招聘人员时，请考虑以下必备的素质：

- **技能**——高效能的体验设计规划要求设计师具备五项关键技能：体验的战略规划、用户体验调研、交互体验设计、视觉体验设计和内容体验设计（参见第10章："用正确方法找到正确的人"）。根据组织的规模和成熟度，招聘具备一项或多项专业技能的人员开始体验设计实践。你的目标是与拥有这五项技能的专业人士一起完成所有的实践。

组织成熟度	最高优先级角色	典型情况下团队的规模	典型情况下体验设计师的任职年限
初创型公司	交互设计人员	1~3 名设计师	3~5 年
中等规模的公司	体验战略规划者	1~3 名设计师	1~6 年
大公司	首席体验官	9 名以上设计师	0~15 年

- **思维模式**——体验设计师是横跨多个领域的复合型人才，也是能够解决整体性问题的专业人士，所以他们需要在其职业生涯中掌握五种思维模式：设计导向的思维模式、体验导向的思维模式、系统导向的思维模式、业务导向的思维模式和结果导向的思维模式（参见本书第8章："以用户为中心的组织的思维模式"）。构建职业发展通道，不断强化这些思维模式，让他们不断接受各种挑战，借此培育高效能的人才梯队。

思维模式	新手	设计师	体验战略规划者	首席体验官
设计导向的思维模式	中	中	高	高
体验导向的思维模式	低	中	高	高
系统导向的思维模式	低	中	高	高
业务导向的思维模式	低	低	中	高（承担企业盈利与亏损的责任）
结果导向的思维模式	低	中	高	高

- **驱动力或领导力**：组织需要一位能够让用户感到惊喜连连的领导者，提高用户的忠诚度。这位领导者或首席体验官负责督导体验设计规划的方方面面。首席体验官可以源自不同的背景，但他们必须拥有体验思维，能够驾驭大型组织的发展动态，这样才能有效发挥其作用。（详情请参阅本书第10章："用正确的方法找到正确的人"）

- **合作伙伴**：体验转型需要内部和外部干系人之间的大力协作，他们携起手来为达成卓越的用户体验的愿景而奋斗。这些干系人包括首席执行官、管理层、来自企业内部其他部门和团队的伙伴、渠道合作伙伴、供应商和系统集成商（参见本书第10章："用正确的方法找到正确的人"）。

4. 制订正确的流程，每次都能达到预期的结果

很多本来富有潜质的组织由于缺乏全面定义的稳健、详尽的流程而无法规模化地、持续不断地向企业及其用户交付价值。想要实现用户至上战略并达成愿景，你需要建立一系列切实可行的流程以支撑以下四大支柱：

- **体验设计战略**：强化组织对体验设计的关注。
- **用户调研洞察**：培养组织对用户的同理心。
- **产品思维**：通过确定需要优先处理、需要解决的问题，为组织的产品赋予卓越的体验。
- **设计实施**：确保体验设计解决方案可以得到正确实施。

清晰明确的流程为创造和创新奠定了基础。这些流程就像柱石一样使你能够快速拓展自己的团队，迅速开展工作，同时不会影响结果的质量和一致性。

5. 营造正确的环境

一个良好的组织环境能够让人们的工作成效达到最好。高效能的环境里必定能看到完整清晰的战略愿景，还能看到深刻的同理心、无缝的协作、开放包容的管理风格以及伙伴之间满满的信任。构成环境的因素包括：

- **文化**：建立并维护具有高度同理心、倡导协作的体验文化，鼓励创意

并且勇于尝试。在这种文化中，对试错中的失败是包容的，因为组织将失败视为学习机会（参见本书第16章："体验设计的文化"）。

- **激励、认可和授权**：制定恰到好处的激励机制，营造一种组织环境：组织鼓励寻求长期解决方案，而不只是短视地解决眼前的问题。此外，鉴于大多数组织尚未经历过体验转型，所以个人需要获得足够的授权来推动变革，并在变革过程中得到认可。

- **空间设计**：一个设计感十足的办公空间可以为团队营造一个舒适的环境，可以让他们集中精力全力以赴。在这里，各种创意激烈碰撞，头脑风暴持续不断，不期而遇的短暂碰面，跨越职能部门的知识共享活动层出不穷。

- **工具**：专业工具可以让团队更加高效地完成任务。选择恰当的工具还能让分散式团队之间的协作更加顺畅。

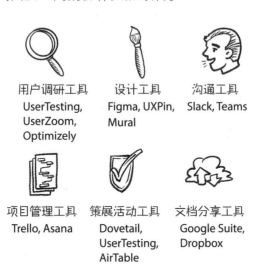

用户调研工具
UserTesting,
UserZoom,
Optimizely

设计工具
Figma, UXPin,
Mural

沟通工具
Slack, Teams

项目管理工具
Trello, Asana

策展活动工具
Dovetail,
UserTesting,
AirTable

文档分享工具
Google Suite,
Dropbox

6. 监控、跟踪与评估

为了业务的蓬勃发展，为了不断达成用户的期望，需要对体验转型规划进行定期评审、策划、跟踪和衡量。需要纳入这一系列治理活动范畴的包括以下四类：

- 衡量业务和用户的指标。
- 组织成熟度。
- 策展。
- 体验债务。

业务和用户指标：量化展示体验转型规划中的每个要素是如何影响你的业务和用户的，这样你能够确切衡量哪些要素在起作用，以及如何改进规划。

评估业务影响的指标包括：

- 财务：销售收入、利润率。
- 客户：每月潜在客户、获客成本、每项体验设计的成本或工作量、客户流失率、净推荐值、客户生命周期价值。
- 员工：满意度、参与度、离职率。
- 流程：产品与市场的匹配程度、上市时间、产品研发周期。

评估用户影响的指标（参见本书第28章："体验设计的指标"）包括：

- 理性指标：完成时间、每个任务的错误数、成功率、点击次数。
- 感性指标：用户满意度、用户信心水平、感知价值、用户授权。

组织成熟度：持续评估组织的体验成熟度水平，这与组织能够交付的用户体验类型和结果密切相关。应积极主动地去识别并确定提高组织体验成熟度的方法。

组织体验成熟度级别	特征
初始级体验	这是体验成熟度的最低水平。体验设计中所涉及的角色依然没有被明确定义并区分出来（就像上一章提到的那位八年如一日孤军奋战的杰克先生那样）；关注的焦点都涌向视觉体验设计；用户调研仅仅被用作验证现有的设计。组织里仅能为用户提供"最低可接受的体验"（参见第 32 章："用户体验的标杆"）
进化级体验	组织开始了解用户体验如何推动实现差异化市场战略；在体验设计方面愿意投入大量资源；更加注重体验、更加成熟。这类型组织可以交付"增强体验"
转型级体验	以用户为中心的设计被视为推动创新的引擎；体验设计师是一个专业的岗位；有一支专业的用户调研团队使用一系列方法提取用户洞见；用户及其需求被所有部门深刻理解，并且被视为决策的方向。组织能够提供"最具变革意义的体验"

策展活动：所谓"策展活动"就是定期回顾那些原本被非优先考虑的想法和见解，有时甚至可以重新调整其优先级。今天你认为遥不可及的想法或洞见，也许在三年之后就会成为人人追逐的对象（参见第29章："有效管理和应用调研成果"）。昨天没有优先解决的设计问题或机会可能就是今天最引人注目的用户问题（参见第34章："设计要解决的问题，设计要抓住的机会"）。维护一个允许你反复访问并调整其优先级的数据库系统。

体验债务：与金融债务一样，体验债务就是尚未得到完全解决的问题。监控组织里积累的体验债务的数量，别让"巨额赤字"大幅度降低用户体验。

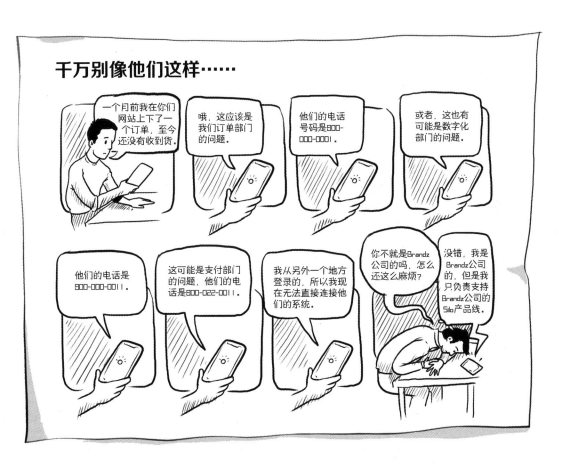

如何最大限度地发挥本章内容的价值

- 将本章内容用于变革管理工作，从改变人们的思维模式开始，采用用户至上的思维模式。

- 要有耐心，努力寻求领导、高管和董事会的支持，变革管理需要时间。

- 将规划视为一个完整的体系，你只有构建和维护好体系的方方面面才能实现其价值。

- 整理未经采纳的创意以备将来可以重新评估它。

本章总结

　　机缘巧合并不能构成一种战略。一份考虑周全的体验转型规划才能为你的组织、产品或服务构建起让竞争对手不可轻易逾越的市场优势。你需要建立、运营和治理好一个完整的体系。在细节上深思熟虑以最大化你的投资回报。

相关章节

第14章 用户同理心　第16章 体验设计的文化

第19章 体验路线图　第20章 体验的愿景　第21章 招聘

第29章 有效管理和应用调研成果

第34章 设计要解决的问题，设计要抓住的机会

真正洞察用户的"用户调研"

"大胆假设固然很棒，上下求索更为恰当."

——马克·吐温

第24章

真正洞察用户的"用户调研"：导言
——构建并激活一系列洞察用户的能力组合

什么是用户调研？

用户调研是收集、管理并跟踪用户洞察的学科。它可以让你萌生对用户的深刻的同理心，对后续的体验设计活动也有显著的指导作用。这门学科要求高度严谨，如果操作正确，它将产生深远的影响，不仅影响到你为用户创造的体验，还影响到你寻求机会和降低风险的能力。

调研的影响

无论在哪个领域，情报都是每一项重大决策的根基。不同类型的组织，比如军事、金融和消费品企业，业务领域可以千差万别，但都需要仰仗其情报分析员收集到的信息以获取价值连城的洞见。产品型公司可以借由何种方式找到这样的洞见呢？答案是用户调研。

因为用户调研的成效往往要过很久才能显现出来，所以，很多公司都疏于关注。然而这么做是错误的。因为，竞争对手虽然可以轻松复制你的组织在设计方面的细节（如视觉感官、交互操作），但是他们无法轻易复制你的组织对用户调研的洞察力和专注力。

用户调研为体验设计的各个方面都奠定了关键的基础，借由用户调研，我们可以获得大量信息，从而有效解决诸如为谁设计、构建怎样的体验、如何构建以及为什么要这样构建等一系列问题。当这种针对用户的洞察力转化为供业务决策需要的信息时，它的效果就会随之而来。事实上，用户调研可能是公司正在进行的一项最重要的价值驱动投资。

用户调研的思维模式

深谙用户调研之道的人士会坚持不懈去探索"是什么"这类问题背后所蕴藏的"为什么"这类深层次的问题。用户调研的思维模式包括：

- 不要立刻开始寻求解决方案，而是要先深刻探求并正确判断当前的情境。
- 深信所有的真知灼见都是可以被探求出来的。
- 直截了当地从用户那里提炼出与设计相关的问题与机会。
- 避免产生偏见。
- 在"一切为了用户"的理念驱动下工作。

只有用户调研人员具备用户调研的思维模式是远远不够的。从整个组织层面上来讲，都需要用户调研的思维模式来推动建立对用户的同理心，也需要它来培育大胆尝试、勇于探索的文化。所有这些造就了"以用户为中心的创新"的基石。用户调研的思维模式彰显了人们努力洞察用户以推动决策的决心，与跨职能部门无缝协作和共享知识的信心，以锐意进取、不畏艰难、大胆尝试的精神为最终用户提供最大价值的信念。

划重点："过去，我只敢做我知道该怎么做的事情。现在，我知道得越多，做得越好。"

——玛雅·安吉罗[1]

关键概念

在深入了解如何做好用户调研之前，我们需要了解以下关键概念和关键术语：

- **洞察用户的能力组合**：这是一个旨在帮助组织正确执行各类型调研活动的框架。它可以帮助公司管理层和产品团队收集有针对性的洞见，帮助他们了解当前的状况和未来的发展趋势。构成洞察用户的能力组合包含以下三种类型的调研：**形成性调研**、**评价性调研**、**感官性调研**。

- **形成性调研**提供最基本的洞见，告诉企业应该把关注的重点放在哪里。人种学研究是形成性调研的典型方法。在产品开发的初始阶段，运用形成性调研手段可以有效识别用户侧都存在哪些问题。

---

1 美国黑人作家、诗人、剧作家、编辑、演员、导演和教师，代表作有《我知道笼中的鸟儿为何歌唱》《以我之名相聚》《非凡女人》等。——译者注

- 通过**评价性调研**得到的洞见可以确认产品或服务在产品体验设计或用户界面设计级别是否有效。可用性测试或可用性研究是典型的评价性调研方法。在设计或开发阶段，当你使用与设计相关的工作产品（例如，草图、线框图、视觉效果图、产品的初次构建成果）时，可以有效测试用户的反应。

- 通过**感官性调研**得到的洞见可以测试产品在被使用了一段时间之后的表现（可以称其为"感觉"）。感官性调研包括净推荐值、点击分析和重复基线研究等方法。产品发布后，使用感官性调研手段可以让你知晓用户在使用产品的方式及其感受方面的数据。感官性调研用以检验产品是否在以正确的方式工作，以及随着时间的推移其性能如何。

内容预告

在这一部分我们策划了一系列内容，使你能够在组织内持续实施可以产生强大功效的用户调研实践。这些内容将帮助你回答以下关键问题：

- 知晓使用哪些方法收集洞见。（第25章："挑选用户调研的方法"）
- 如何招募到合适的参试者进行用户调研。（第26章："招募用户调研的参试者"）
- 如何确保调研的严谨性。（第27章："用户调研的品质"）
- 衡量用户体验是否成功的方法。（第28章："体验设计的指标"）
- 如何管理组织已获得的所有调研成果。（第29章："有效管理和应用调研成果"）
- 如何高效地规划调研项目。（第30章："用户调研规划"）

这些精心挑选的内容能够促使你有效利用用户调研手段作为战略价值驱动因素。

第25章

挑选用户调研的方法
——如何挑选合适的调研方法来收集洞见?

用户调研的方法有很多，本章将向你介绍如何按需选择收集洞见的最佳方法，以及如何确保所收集的洞见具备鲜明的特征。

你为什么需要阅读本章?

本章内容将帮助你的企业:

- 选择恰当的方法来收集你想要得到的用户调研成果（洞见）。
- 选择与你所能投入的资源相匹配的调研方法。
- 确保调研能够展现出预期的价值。

挑选用户调研的方法，谁是关键角色?

角色	谁会参与其中	职责
驱动者	用户调研人员	• 确定调研的进度计划 • 确定调研的方法 • 实施调研
贡献者	体验设计师 跨职能团队	• 列明在调研中需要针对的问题，在某个特定的领域内提出自己的见解 • 分享当前对用户的认知 • 推动实施调研 • 确定为调研提供的预算

"挑选用户调研的方法" 的注意力画布

厘清调研的背景
→ 你目前处于关于用户体验设计的哪个阶段?
→ 哪种类型的洞见（形成性、评价性或是感官性）对当前你的用户体验设计工作最为适合?

梳理调研所针对的问题
→ 你打算获取怎样的调研成果?
→ 你期待利用调研成果回答哪些问题?

做好调研的组织工作
→ 你计划任多长时间内完成调研工作?
→ 综合考虑调研需要付出的工作量、调研需要的工具以及为参试者准备的报酬等多个要素，本次调研所需预算大约是多少?

明确调研的意图
→ 你打算怎样应用本次调研的成果?
→ 谁将使用本次调研的成果?

明确调研需要用到的方法
→ 综合考虑本次调研的意图以及各类型限制条件，哪些调研方法适合本次调研?

怎样实施

为了能够在选择调研方法的时候取得事半功倍的效果，你需要注意：

1. 厘清调研的背景

确定你目前处于用户体验设计的哪个阶段，以便你能够确定需要获得哪种类型的洞见（形成性、评价性或是感官性），以及为获得这些洞见你可以选择的最佳调研方法。

产品研发的阶段	需要哪方面的洞见
战略规划：早期，对于参试者而言还没有任何输入	形成性或感官性
产品设计：可以为参试者提供产品原型作为研究对象	评价性
产品开发：可以为参试者提供产品原型以及可执行的程序作为调研对象	评价性
产品发布：以产品本身作为参试者的调研对象	感官性

2. 明确调研的意图

不同的调研方法将产生不同类型的数据和洞见。因此，除了确定你需要取得何种类型的洞见，你还需要确定你的调研目的以及如何应用这些洞见。用它来定义产品需求，还是来改进现有产品？或者是从战略高度做出决策，决定关注哪些创意、哪些用户问题？

根据克里斯安·罗勒（Chrisian Rohrer）[1]的观点，用户调研方法可以从两个维度进行划分：其一为态度与行为，其二为定量与定性。

- **聚焦"态度"的调研方法**侧重于用户愿意分享出来的想法。此类方法特别适合从用户的角度快速收集洞见，特别适合于当你需要解释用户

---

1 加拿大第二大银行TD Bank的设计副总裁。作为用户体验战略咨询公司XD Strategy的创始人和负责人，他为多家公司提供设计战略、研究和见解、组织设计、职业发展和用户体验测量方面的建议。此处引用的内容出自他的流传最为广泛的一篇文章 *When to Use Which User-Experience Research Methods*。本文介绍了20种常用的用户调研方法，以及如何使用用户态度与用户行为、定性调研与定量调研、产品的应用场景等三个维度挑选最适宜的调研方法。——译者注

为何去做某事（或者想要去做某事）的时候。需要注意的是：聚焦"态度"的调研方法依赖于被调研对象自我报告的信息，而这些信息往往可能不那么可靠。

- **聚焦"行为"的调研方法**以调研者的自主观察为主，侧重于了解用户的行为和行事方式。如果是为了发掘用户的需求和行为模式，此种调研方法非常理想。
- **"定量"的调研方法**侧重于数据。此类方法非常适合用于从较大样本量的调研数据中发现趋势、构建结构化的衡量体系。
- **"定性"的调研方法**侧重于对难以衡量的行为建立起更为形象的理解。此类方法是深入了解周围环境、深入发掘隐藏在用户表面行为背后的深层次原因的得力工具。

调研目的	需要收集哪些数据或者洞见
版本规划	• 定性发掘当前市场上还未被满足的需求与机会 • 定量调研需求的普遍性 • 对最普遍的用户行为的深刻洞见 • 深入洞察用户对于他们的真实诉求的态度
需求收集	• 用户执行任务的行为 • 对用户痛点与用户需要的定性调研
衡量与跟踪产品的表现	• 定量调研相关问题的趋势 • 获取用户有关态度（喜欢和不喜欢什么）的信息

3. 梳理调研所针对的问题

你想在调研中询问哪些问题同样也会影响到你收集洞见的方法。仔细梳理你在整个设计阶段都要调研哪些问题，逐一判断为了有效解答这些问题，你需要使用"态度型"调研还是"行为型"调研，"定量"调研还是"定性"调研。

示例

- 对于这类问题——"用户在购买产品时如何做出决策",最好通过观察或直接对话的方法来获取答案。

- 对于这类问题——"产品设计中的哪些部分有助于或阻碍用户达成目标",最好通过互动刺激的方法来寻求答案。

- 对于这类问题——"这些问题是否具有普遍性意义、哪里最常见",最好通过涉及定量数据与较大样本量的统计学方法来探寻答案。

4. 勿忘做好用户调研必需的组织工作

在选择调研方法时,你还必须从以下两个维度考虑用户调研的组织工作——进度表与预算。

进度表

不同的调研方法所需的时间各不相同,这取决于以下要素:

- 实验设计。

- 调研的复杂性。

- 招募调研对象的难易程度。

- 用作激励的输入项(或者其他资源)的准备情况。

- 实施调研所需的时间。

与兄弟团队充分沟通,确定他们在何时需要用户调研的成果,这将确定哪些方法(在满足进度的要求下)才是可行的。

如果你需要快速获得结果,那么问卷调查或不受限的可用性研究等方法更为合适。而其他方法,如深度访谈或人种学研究,则需要更多时间才能完成。

预算

- 调研工作的工作量、所需的设备、招募参试者的成本以及为参试者准备的激励措施，凡此种种都会影响调研的成本，所以在选择调研方法之前，你必须了解自己的预算范围。调研工作的工作量包括所有调研人员为调研准备、实施、总结和创建工作产品所需的所有时间。这将直接影响到需要参与调研的所有人员与团队，以及每个人对此需要投入的时间。

- 实施调研工作所需的设备，包括使用各种为成功实施调研工作所需的调研工具的成本，例如，卡片分类平台、眼动追踪[1]软件以及预订实验室及其设备的费用。某些方法，例如，不受限的可用性调研可能还需要用到任务编程工具和衡量跟踪工具。你必须考虑到所有这些可能用到的工具或者需要引入的工具。

- 对参试者的奖励。根据招募的参试者类型、他们所承担的角色、调研所要持续的时间，以及个人参与调研所需付出的劳动等各种情况，你需要向参试者提供一定金额的奖励。同时，如果需要服务机构或平台帮助你招聘参试者，你可能还需要付出额外的成本与费用。

5. 根据你的需要和优先级，选择正确的方法

根据在前面确定的参数缩小理想方法的范围。在没有精确匹配的情况下，根据影响和可行性对参数进行排序，以放宽标准，找到下一个最佳选择。

1　眼动追踪是用户调研中较常用的方法之一。该方法的核心是使用仪器测量出用户观察、使用产品时的眼动模式，并予以分析研究。眼动追踪记录下的数据包括：页面上的哪些内容被重点"关照"到，以及用户浏览页面各主要区域的先后顺序。——译者注

示例

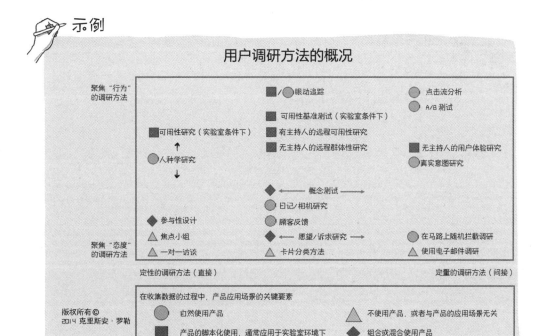

如何最大限度地发挥本章内容的价值

- **在一项用户调研中同时使用多种方法。**各个调研方法之间并非相互排斥的关系。基于每项调研的目标，有些问题可能需要使用混合类方法，所以你需要创造性地组合使用各种工具与方法以求得尽可能准确的答案。

- **检查整个过程。**选择正确的方法并不能保证你的调研一定有效。一定要确保你识别出正确的用户，提出正确的问题，正确地合成数据，有效地交流洞见。（参见本书第27章："用户调研的品质"）

本章总结

在进行任何调研之前，一定要先评估你选择的调研方法。选择正确的方法将显著地提升你所获得的洞见的品质，你为调研所付出的时间和精力才能得到最大的回报。

相关章节

第26章 招募用户调研的参试者

第27章 用户调研的品质

第26章

招募用户调研的参试者
——如何招募到合适的参试者参与用户调研?

给你的调研活动招募到合适的参试者是调研成功的基础。如果招募来的参试者不是很匹配,又或者只有部分人适合你的调研活动,这会严重降低你收集到的洞见的品质并缩小其广泛性。本章将向你介绍如何定义参试者的筛选标准,如何组织、策划招募活动以及如何有效规避其中的法律责任。

你为什么需要阅读本章?

本章内容将帮助你的企业:

- 严谨定义"怎样的用户才算是理想的用户"。
- 制订计划,寻找并招募到合适的用户积极融入你的调研之中。
- 有效规避相关的法律责任。

招募用户调研的参试者,谁是关键角色?

角色	谁会参与其中	职责
驱动者	用户调研人员	• 定义招聘标准 • 执行招聘活动
贡献者	用户体验调研部门、设计师以及跨职能团队	• 支持招募活动 • 参与制定调研课题,提供相关技术领域的洞见 • 分享当前对用户的认知

"招募用户调研的参试者" 的注意力画布

遴选参试者的标准

→ 为了能够有效回复你的调研问题，参试者需要具备哪些性格特质？

→ 参试者还需要具备哪些特征？

需要评估不同的用户群体

→ 有哪些已知的细分用户需要纳入你的考虑范围？

→ 你需要关注哪种特定类型的用户？

→ 你想了解哪些具体的用户分类统计信息？

用于招募参试者的在线问卷调查

→ 为了验证参试者的资格，你需要问哪些问题？

组织策划招募活动

→ 根据你选好的调研方法，你需要招募多少参试者？

→ 如何向参试者支付报酬？支付多少？

→ 公司内有哪些干系人（区分为参与者和知情者两大类）需要参与招募活动？

→ 招募工作的进度计划如何制订？

招募渠道

→ 从哪些渠道可以招募到理想的参试者？

→ 从哪些渠道可以招募到足够数量的理想参试者？

招募黑名单

→ 招募参试者时需要规避哪些渠道以避免招到竞争对手的员工？

→ 招募参试者时需要规避哪种类型的用户？

→ 根据你组织的政策，在招募参试者时还有哪些用户需要规避？

怎样实施

为了能够在招募用户调研的参试者时取得事半功倍的效果，你需要注意：

1. 确定理想参试者的资格标准

与兄弟部门人员通力合作，确定你的调研目标，确定你需要与之交流的用户类型以及他们需要具备的素质。仔细考量理想的用户应该知晓哪些信息，他们能够做些什么，以及怎样为他们营造出最适宜回答你提出的问题的环境。

创建一个资格标准列表，确保从广泛的候选人人才库中筛选出合适的参试者。

典型的资格标准可能包含（但不限于）以下检查项：

- 职业。

- 口语表达能力。

- 对哪些具体的工具或方法比较熟悉。

- 即将执行的任务类型。

- 处于怎样的环境之中。

- 他们使用哪些产品，分别包含哪些功能。

请注意：你罗列的标准越多，招募工作就越困难。当然，此举会帮助你获得更精准的洞见。

 示例

- **调研问题**：当服务于多个渠道时，客户服务代表如何管理服务请求？

- **资格标准**：筛选使用多个渠道的客户服务代理，他们参与受理各类服务请求，直接与客户互动。

小贴士

设计一批问题，用在线问卷的方式筛选参试者。这些问题需要书面回答，以收集参试者的背景信息，并帮助你确定他们是否能够巧妙地谈论该话题。

在多项选择题中加入以假乱真的足够让答题者产生"错觉"的选项，以剔除那些试图蒙混过关的人。只有真正符合你的遴选标准的参试者才会发现那些错误的选项，并对它们置之不理。

尽可能使这些在线问卷简捷有效。因为问题的数量如果过多，或者完成问题所需时间过长，都会降低参试者答题的完成率。

2. 需要评估不同的用户群体

为你的调研确定选择或者排除参试者的资格标准多少令人有些为难。相比起来，确定参试者的细分人群就要容易许多。确定细分人群可以为你提供更多关于参试者的背景信息，并帮助你消除在挑选参试者时可能会产生的偏见。

确定细分人群的方法之一就是确定产品所支持的不同类型的应用案例。例如，了解你的参试者所代表的行业可以衍生出一个更为发散的样例，该样例代表了更多的应用案例。

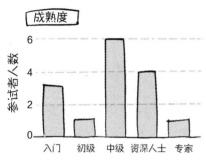

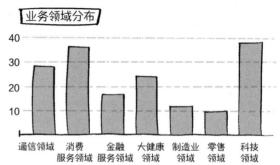

确定细分人群也有助于在归纳调研结果的过程中去探求某种类别的趋势，进而可以实施延伸性的调研。你可能会发现，在某些细分市场上还有其他细分市场没有的需求或痛点：

- 经验。
- 公司规模。
- 技术熟练程度。
- 专业水平。
- 行业类别。
- 使用何种设备。

3. 用于招募参试者的在线问卷调查

使用你已经确定的参试者遴选标准与细分类别作为创建在线调查问卷的基础。在线调查问卷将包含一些旨在帮助你找到符合标准的参试者的问题，并且能够充分确认他们的回答是否诚实。

你为在线调查问卷设计的这些问题应该足够具体，以便你能够在定义匹配项时成竹在胸；同时也应该足够模糊，以防止参试者能够轻而易举地猜测出你想要知道哪些内容。

不应将在线问卷调查作为用户调研的方法。要想收集到用户洞见，必须使用面对面的用户调研方式。

4. 组织策划招募活动

一旦确认了你将采取怎样的调研方法（参见本书第25章："挑选用户调研的方法"），并且准备好了针对参试者人选的在线调查问卷，你就可以着手策划在线问卷的分发工作，以及组织内部和外部的沟通。

- **样本量：**你所需的参试者数量将决定你使用哪些渠道来寻找参试者。如果样本规模较大，你可能需要寻求招聘平台或专业服务机构的帮助。
- **招募工作的复杂度：**如果你需要招募特定的、专业的用户类型，其招募难度会超过从普通人群中招募参试者。你可能需要寻求招聘平台或专业服务机构的帮助。

- **对参试者的补偿措施：**你应该为参试者付出的时间给予报酬。给予参试者的最低报酬（按照小时计算）应大于或等于其本职工作的平均时薪。你可以在在线调查问卷中披露薪酬金额以及支付方式（例如，在线支付、礼品卡、支票或者实物）。

- **干系人（分为知情者和参与者两大类别）：**除了调研人员，设计师和产品经理可能也希望参与到调研工作中。其他部门，如法律或财务部门，可能需要管理用户调研中有关合规或支付的问题。

- **时间节点：**明确规定调研工作的开始与结束日期。

- **进度计划：**大多数用于招聘工作的软件已经具备进度计划功能。如果你还没有选择使用这些工具，那么可以选择具备协同办公功能的工具（例如，在线日历）进行替代，参试者可以在其中选择自己有空的时间段。

5. 招募渠道

根据你需要的参试者数量与类型，你可能需要选择多个招募渠道。

 示例

可供你选择的渠道包括：

- 调研或招募平台。
- 招聘机构。
- 内部用户数据库。
- 市面上已有的渠道，例如克雷格列表（Craigslist）[1]。

1　克雷格列表是由克雷格·纽马克（Craig Newmark）于1995年在美国加利福尼亚州的旧金山湾区地带创立的一个大型免费分类广告网站。该网站上没有图片，只有密密麻麻的文字，标着各种生活信息，是一个巨大无比的网上分类广告加BBS的组合。——译者注

- 在街上随机调查行人。

- 社交媒体。

- 付费广告。

- 社交网络平台，例如，Facebook或者红迪网（Reddit）。

- 熟人推荐。

- 专业网络平台或论坛，例如领英（LinkedIn）。

牢记预算，牢记组织在运营方面的限制，因为你选择的渠道可能会影响到：

- 如何启动在线问卷调查。

- 如何安排参试者的参试顺序与时间。

- 如何为参试者支付费用。

- 招募工作的总费用。

如果你想通过社区团体或论坛联系到参试者，那么在发布在线调查问卷之前，一定要先了解他们的招募政策。

💡 小贴士

给予参试者的报酬应该足够诱人，让参试者觉得参加测试是值得的。此外，根据需要还可以适当增加报酬。

6. 招募黑名单

一旦确认你将采取怎样的调研方法（第25章："挑选用户调研的方法"），并且准备好了针对参试者人选的在线调查问卷，就可以着手策划在线调查问卷的分发以及内外部的沟通工作。

在开始招募工作之前，你需要确定黑名单标准，即你不应该招募的参试者类型。虽然这看起来有违直觉，但创建黑名单可以规避公司的责任。

仔细考量参试者的身份、工作地点、亲属关系及其可能会使你的公司面临怎样的风险，例如：

- **直接竞争对手的员工或合作伙伴**——他们可能会窃取贵公司的知识产权，而且要求他们提供洞见可能会被视为通过不道德的竞争手段套取情报。
- **非法彩票**——这会影响到你向参试者沟通参与调研的奖励方式。
- **防止贿赂与腐败条例**——该项法律可能会影响你招募到的参试者类型。向特殊类型人员（如公职人员）支付超过一定金额的费用作为鼓励他们参加调研的措施可能会触犯该项法律。
- **通过不道德的竞争手段套取情报**——这可能会影响到你招募的参试者类型。
- **欧盟的《通用数据保护条例》和巴西的《巴西通用数据保护法》**将影响你收集参试者意见或建议的方式。

对上述事项如有疑问，敬请咨询法律团队，或者仔细检查贵公司的相关政策，以确定是否存在其他可能的责任。

只有在完成这些步骤后你才可以向参试者分发调查问卷。注意：你还需要经常检查你的招募渠道，以确保上述风险被严格规避。

小贴士

如果你是从多个渠道招募参试者，请保持中立态度跟踪你的参试者，以避免忽略合格的参试者，并识别出重复的参试者。

逸闻轶事：因为不知道做什么所以无所事事

几年前，UXReactor公司与一位客户合作。该客户与一家大型科技公司合作，在非常紧迫的时间内推出某集成类型产品。我们的工作是帮助他们为合作公司完成用户体验设计。然而，他们实际上并没有访问这些用户的权限，他们甚至都没有考虑过如何识别出自己的用户、如何与他们交流。

为了节省时间，我们的客户建议我们与他们的产品和销售团队进行沟通，以便收集我们需要的信息从而帮助我们完成体验设计。当我们探索这种方法的可行性时，有两个问题立刻摆在我们面前：

- 我们客户的产品团队对他们的最终用户了解不够，我们也不了解。
- 在我们客户的公司里，没有人知道如何有效地招募到合适的用户代表参与调研。

当我们意识到自己的窘境之后，立刻集思广益，在短短3小时的时间里立刻整理出一份在线调查问卷，再用4小时的时间创建了一个横幅广告，同时在领英和Facebook上发起了一项持续48小时的付费调研活动。48小时之后，我们确定了6位用户来帮助我们评审设计概念。随之，我们得到了大量有效的反馈，将其分为两类：在产品发布时必须采纳的反馈意见，以及发布之后还可以修改完善的意见。最终，在短短2天之内，我们为客户建立了一个大获成功的产品发布平台，而全部费用只有2000美元。

如何最大限度地发挥本章内容的价值

- 确定并去除那些没有动力参与调研的参试者。

积极参与调研的参试者是对调研案例有着深刻理解的个体，他们渴望分享自己的洞见，完全不受上级压力或金钱的驱使。积极参与调研的参试者认为分享他们的洞见才是符合他们最大利益的做法。

那些没有动力参与调研的参试者可能是被其他人强迫而参与进来的，或者只想得到报酬，他们的动机并不在于给予你最大限度的帮助。

- 招募的人选要有富余，这样你还有后备人员。招募多于你的实际需要的合格参试者是一个好做法。如果一些参试者不接受你的邀请，或者无法为你提供所需的洞见，后备人员就能派上用场。

- 建立一个长期存在的参试者小组。管理这个现成的用户小组，小组成员都明确同意你可以存储他们的联系信息，以便你为他们提供参与调研的机会。该小组可以代表广大用户，只要符合调研资格标准，调研人员就可以邀请他们成为任何调研的参试者。

- 尽早开始招募，我们建议你至少在调研开始前两周就着手招募工作。

本章总结

正确的调研成果始于正确的用户。这需要你定义所需的参试者类型，仔细遴选合适的参试者，并与他们通力合作。

相关章节

第25章 挑选用户调研的方法

第27章

用户调研的品质
——如何保障用户调研严谨有效?

用户调研可以显著降低组织的风险，但前提是调研的过程必须正确，且结果（通过调研得到的洞见）准确。遗憾的是，用户调研非常容易出错。组织需要建立有效的治理体系来确保调研的品质。本章列出了能够确保用户调研的结果真实可靠、为你的用户和公司带来真正价值的六个属性。

你为什么需要阅读本章?

本章内容将帮助你的企业:

- 慎重考虑所有调研活动。
- 确保调研执行过程和结果的完整性。
- 尽可能收集到最可靠、无偏见和价值驱动的洞见。
- 规避根据错误洞见而贸然采取行动的风险。
- 为调研投入资金、时间和精力，让调研创造价值。

保障用户调研的品质，谁是关键角色?

角色	谁会参与其中	职责
驱动者	用户调研人员	• 设计调研实验过程 • 通过调研获取相关的、可靠的且无偏见的洞见
贡献者	体验设计师	• 拟制调研的问题 • 创建调研所需的输入 • 分享相关的、可靠的且无偏见的洞见

"用户调研的品质"的注意力画布

遴选参试者的标准

→ 为了能够有效回复你的调研问题，参试者需要具备哪些性格特质？

→ 参试者还需要具备哪些特征？

关注正确的问题

→ 为了让本次用户调研的成果最大化，你需要关注哪些问题？

→ 基于你的产品研发工作目前所处的阶段，哪些问题最为相关、最为重要？

挑选正确的调研方法

→ 基于你的产品研发工作目前所处的阶段，哪种调研方法最合适？

→ 基于你计划获取的调研成果，哪种调研方法最合适？

正确执行调研工作

→ 为了获取所需的调研成果，你需要问哪些问题？

→ 怎样在执行调研的过程中自始至终都保持一致性从而让偏差最小？

→ 你都需要做好哪些准备工作以避免出现"最后一分钟变更计划"的窘境？

通过正确的总结方式精准发现洞见

→ 调研数据是否呈现显著的统计学特征？

→ 调研数据是否客观是基于你的假设？

→ 调研数据是否可以客观地展示用户行为？包括"他们做了什么""他们为什么这样做"以及"他们接下来还会做什么"。

→ 调研数据是否摆脱了偏见？

用正确的方法陈述你的见解

→ 谁需要用到调研的成果？

→ 与这些干系人交流调研成果的最佳方式是什么？

→ 如何展示你的关键调研成果，以及下一步的行动计划？

怎样实施

为了能够在保障用户调研的品质方面取得事半功倍的效果，你需要注意：

1. 与正确的用户交流

一切洞见始终直接来自正确的用户！这些用户永远不能被代理人（例如，主题专家、技术支持代表、销售代表、项目经理甚至首席执行官）取代，无论他们对用户了解多少。

招募最能准确代表你正在为其解决问题的人群作为参试者（参见第26章："招募用户调研的参试者"）。确切地说，参试者应具备如下特征：

- 你的产品或服务能解决他们的特定需要。
- 他们所从事的职业，或者他们的角色恰恰是你的产品或服务针对的对象。
- 最适合你的产品或服务的种种环境，恰好他们也非常熟悉。

小贴士

给自己至少两周的准备时间来招募到高素质的用户，如果你的产品是为小众用户设计的，那么准备时间会更长。

2. 关注正确的问题

虽然在用户调研中不存在数据饱和的现象，但也的确存在相关的或者不相关的数据。仔细考量你对调研的期望成果，确定你需要哪种洞见，以便做出的决策能够引导你达成期望的成果。换句话说，你需要确定你最关注的调研问题有哪些。注意：在你确定调研问题时，你需要关注当前的产品研发工作处于哪个阶段。

假设你期望的结果是了解如何改进网络安全产品的下一个迭代版本，那么你应该关注的调研问题包括：

- 产品设计的哪些部分对用户有帮助或有阻碍？

- 产品设计的哪些部分对用户来说更直观或更不直观？

- 产品设计的哪些部分对用户最具有价值或最没有价值？

还有一些问题虽然不是与调研（网络安全领域）直接相关，但你可能也需要关注：

- 用户惯常使用的社交媒体平台有哪些？

- 用户的退休计划是什么？

- 用户的婚姻状况如何？

小贴士

不要忽视协作活动。行动一致、签署意见和积极反馈，这些活动与用户调研和设计同等重要。

3. 挑选正确的方法

选择正确的调研方法来获取具体的洞见，能有效规避错误方法所带来的风险。不同的调研方法适合回答不同类型的问题，适合收集不同类型的数据，因此使用错误的调研方法可能会被误导，进而导致用户流失。例如，如果你希望了解医生在使用外科手术产品时经历的过程及面临的问题，正确的方法可能是实境调查或者静观默察[1]，而问卷调查显然不会给你带来如此高品质的洞见。

通过评估关键要素（例如，项目当前所处的阶段、你将利用调研所得做什么事情、你要询问的问题类型），选择最适合你的调研方法（参见第25章："挑选用户的调研方法"），将有助于你以最佳方式实现自己的调研目标。

---

[1] 此处原文为fly-on-the-wall，意指采用不动声色的观察方式深入了解用户使用产品的过程与痛点。——译者注

4. 正确地执行调研工作

用户调研是一项严谨的工作，在调研执行过程中的任何差错都可能导致数据歪曲，结论错误。

在你实施调研时，你需要保持调研方法始终如一，避免在最后一刻做出改变。

- 向所有参试者提出相同的问题。
- 向所有参试者提供相同的提示。
- 向所有参试者展示相同的输入。
- 给所有参试者相等的时间来完成任务。

在参试者参与第一次调研活动之前至少两天做一次试点调研，以解决实际准备的脚本或输入中存在的任何问题。在相邻两次调研活动之间至少预留出一个小时的时间，以便你有足够的时间听取汇报并为下一次调研活动做好准备。

一定要注意你向参试者提出问题的方式。你的提问方式会从根本上影响参试者的回答。为了得到最真实、最准确的回答，你必须避免询问如下问题：

- **诱导性问题**，可能会导致用户以预先确认存在的假设、观点或期望的回答方式回答。
  - □ 诱导性问题："你是说这个屏幕看起来很杂乱，是吗？"
  - □ 非诱导性问题："你能描述一下你在屏幕上看到的任何你喜欢或不喜欢的东西吗？"
- **死胡同类问题**，这类问题只能用"是"或者"否"来回答，而不能用"是什么""怎样做""为什么是这样"以及"你能告诉我或告诉我有一次……"这样的形式来回答。
  - □ 死胡同类问题："这个功能有价值吗？"（只能用"是"或"否"来回答）

□ 非死胡同类问题："你如何描述你使用此功能的体验？"

- **假设性问题**，因为缺乏经验所以无法回答的问题。

  □ 假设性问题："在评估一辆车时，你一般看重哪些特征？"

  □ 非假设性问题："你能评估一下这两辆车，并告诉我你的决策过程吗？"

5. 通过正确的总结方式精准发现洞见

正确解读数据将产生有价值的、可操作的洞见。用错误的方法解读数据则会导致错误的结果，从而给你的公司带来巨大的风险。

常见的曲解调研结果的做法包括：

- 过度解读单个数据或在统计上不重要的数据。通过客观评估数据的统计显著性可以避免这种情况。

- 没有可靠来源支持的假设被曲解为事实。通过记录和引用每一项成果的支持数据，并维护好假设与事实之间的关联关系可以避免出现这种情况。

- 仅凭自己的观察结果或者用户行为与描述就做出下意识的产品决策。可以通过反复询问自己："他们为什么说或做这件事，为什么了解这件事如此重要？"来避免这种情况。

- 偏见可能会影响结论，所以产品设计师不应该是具体执行用户调研的人员。只有客观地观察数据以及数据的模式，才能避免偏见，否则你的做法可能就是为了支持某项预先设定好的结论而搜寻数据。

💡 小贴士

为你的用户调研任务准备一份应急计划，以便最初的计划遭遇困难时能及时启用。例如，如果你正在使用在线审核工具，请确保在本地存有任务和问题的幻灯片，并及时备份视频会议链接。

6. 用正确的方法陈述你的见解

开展调研的目的是让组织中的每个人都能根据调研的发现采取行动。为了有效达到这一点，调研发现的成果必须以不同受众都能接受的方式呈现。否则，本章较早之前罗列的品质检查单中的所有检查项都将无效。

大多数调研人员都会把一项调研的所有结果汇总成一份综合报告。然而，现实情况是，大多数干系人不会阅读该报告。如果连阅读报告的人都没有，这项调研还会有价值吗？

你可以做些什么来确保你的调研成果能够被大家关注？

- **提高报告的相关性和可视化水平**：当大多数人听到调研报告时，他们会下意识地认为"那里面一定有很多页文字、数字和图形"。所以，你可以在你的报告中出其不意地使用有趣的语言、有趣的图形，甚至是诱人的动画，这并不算是离经叛道。如果你愿意多花点心思的话，调研可以是令人难忘和引人注目的。

- **为不同的受众量身定做调研报告**：不同的干系人的观点、目标和感兴趣的领域不尽相同，所以你的调研成果需要根据不同的需求进行个性化定制。将这些干系人视为你的不同"用户"，为他们量身定做调研报告的格式以及沟通方式，提升报告的可读性与价值。具体请参见下表：

干系人	用户调研的成果展示方式
高层管理者	体验相关的指标记分卡，或者用视频突出显示
开发人员	优先展示有待"修复"的问题列表
产品管理人员	用户旅程图 能够体现出调研成果的快速"备忘录"
设计师	标注有可用性问题注释或详细任务流程图的屏幕截图

- **让用户调研人员加入产品设计过程**：用户调研最重要的部分是确保调研成果能够以正确的方式发挥其作用。邀请用户调研人员参与创意萌

生会议和设计评审，通过这种方式可以让用户洞见在整个产品开发过程中得到重申，从而确保提升交付满足用户需求产品的可能性。

逸闻轶事：一着不慎，满盘皆输

有位用户调研人员正在实施一项形成性调研活动，以了解某个特定细分市场用户的需求。经过持续数周的积极主动的招募活动，她确信已经找到了合适的参试者，而且已经准备好了一份内容翔实的用户调研计划用以提取所有必要的洞见。在调研启动的当天，她要求产品负责人作为观察员参加会议，直接听取用户的声音。

当调研人员开始实施用户调研时，产品负责人完全不顾计划好的工作任务，在前两场用户访谈中都直接跳进谈话中，开始分享他为什么要开发该产品，以及该产品如何解决用户的需求。他向参试者询问了一些引导性的问题，例如，"你难道不觉得这项功能能够解决你刚才提到的问题吗？"调研人员不得不推迟调研的总结活动，设法招募到更多用户作为参试者，重新调研以便剔除那些受"污染"的调研结果。尽管这些补救活动保证了最初计划中的所有要素都得到了妥善执行，但是产品负责人的鲁莽举动还是导致项目延迟了10天。

现在，她（那位用户调研人员）会在每次执行用户调研之前都确保做好所有的准备工作，包括与观察员一起商定好他们的任务和工作方式。

如何最大限度地发挥本章内容的价值

- 构建共同的愿景。这将有助于团队专注于共同的目标，并肩携手、踔厉奋发，努力实现这些目标。

- 提早规划，避免在最后一刻才匆忙行事，养成制订应急计划的习惯。

- 添加缓冲。为某些活动（如调研）预先留出额外的时间，以主动保护计划不因延误而偏离正轨。

- 建立制衡机制。确保定期评审并适时调整计划，以保证计划能够更好地反映当前现实的必要变化。

- 认真对待设计交接活动和质量保证活动。它们是计划的关键组成部分，如果你不花时间做好，将会对下游产生严重的影响（如产品延迟交付、工程变更）。

本章总结

    本章提示你在进行调研时必须注意的六个属性，即正确的用户、正确的问题、正确的方法、正确地执行、正确地总结与正确地陈述。切记，任何小的失败都可能危及整个调研的成果。

相关章节

第25章 挑选用户调研的方法　　第26章 招募用户调研的参试者

第28章

体验设计的指标

——如何确定用户体验已然成功？如何衡量体验设计的品质？

　　许多企业使用财务指标或运营指标来衡量其成效，例如，业务收入或注册人数。然而，在谈到"产品体验对用户的价值"时，这些指标都是间接指标。企业要想以用户至上的理念来推动其成长，就应该使用体验指标来衡量其成效：使用量化的方法来测量体验的品质、对用户的价值及其满足用户期待的程度。

　　体验设计的指标有助于你为每个用户识别和测量这些指标。当你坚持不懈地在组织内使用这些数据时，用户至上的文化就会在组织内生根发芽，并且将对达成组织整体的业务指标产生显著的影响。

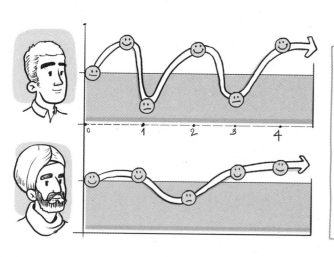

你为什么需要阅读本章？

本章内容将帮助你的企业：

- 关注那些对用户而言最重要的指标。
- 用量化法测量体验设计的品质。
- 评估在一段时间内体验设计的改进情况。
- 为用户提供卓越的体验，帮助企业达成明显可见的业务成果。

"体验设计的指标" 的注意力画布

聚焦于哪些用户

→ 你要为哪些用户定义衡量指标?

→ 你的用户属于哪个细分市场?

哪些体验与你的用户的关系最为紧密?

→ 你要为哪些用户体验定义衡量指标?

→ 哪些用户体验对于用户的影响最深?

需要测量哪些体验指标?

→ 你定义的衡量指标中,哪些属于理性指标?

→ 你定义的衡量指标中,哪些属于感性指标?

→ 你定义的衡量指标中,哪些属于产品指标?

测量体验指标的方法

→ 本次测量活动的输入有哪些?

→ 为了收集衡量数据,你将使用哪些调研方法?

→ 你将推动参试者参与哪些任务?

→ 每一项任务的成功标准是什么?

→ 你将询问参试者哪些问题?

激活你的发现

→ 你将在组织层面采取哪些行动以改善体验的衡量指标?

→ 为了交付卓越的体验,你将推动哪些变革活动?

→ 如何长期监控变革的实施情况?

将指标与业务成果相关联

→ 体验的衡量指标给组织的业务带来了怎样的影响?

→ 在改善体验的过程中,可以看到组织中发生了哪些变化?

定义和应用体验设计的指标，谁是关键角色？

角色	谁会参与其中	职责
驱动者	体验战略规划者	• 根据调研目标设计实验 • 定义体验设计的指标 • 实施调研 • 贡献洞见 • 在组织内，督导将用户调研的成果（对用户的洞察）应用于产品设计的过程
贡献者	体验设计师 跨职能团队	• 参与制定用户调研的问题 • 贡献自己的见解以有效应对现有用户、开发产品以及提升业务 • 提供输入 • 将用户调研的成果（对用户的洞察）转化为可交付成果 • 分享对于用户的洞察

怎样实施

为了能够在定义体验设计的指标时取得事半功倍的效果，你需要注意：

1. 聚焦于哪些用户

怎样定义体验设计的指标取决于每个用户的独特需求，因此必须针对系统中的每个关键用户展开测量工作。明确定义你想要关注的每个用户的标准。基于关键用户的标准，你可能选择的测量项包括此用户群体的规模、他们在其组织或环境中的影响以及他们对你的业务战略的重要性。

为了使这项工作更加有成效，你需要招募到真正的用户来帮助你测量体验指标。一旦确定了关键用户，你就可以创建一份线上调查问卷并招募测试者（建议10~15人）参与评估。（参见本书第26章："招募用户调研的参试者"）

2. 哪些体验与你的用户的关系最为紧密

对你的用户而言，最重要的体验或在其工作领域内最常见的体验是什么？列出有助于用户感受到每种体验的相关场景。

🖐 示例

> 假设你的产品是一部POS机，而你的用户是咖啡店的收银员，那么你应该测试的关键体验（以及构成这些体验的场景）可能包括：
>
> - 产品配置体验：首次配置并使用POS机。
> - 交易体验：输入订单并接受付款。
> - 交易体验：打印购物小票。
> - 订单管理体验：订单作废。
> - 对账体验：获取所有交易的汇总信息。

当你定义要测量的体验及其场景时，请记住：这项工作必须随着时间的推移而重复执行。这意味着每次执行这项工作时，你都需要涵盖相同的体验及其场景，以便能够精确地比较分析衡量数据。此举将帮助你发现指标数据的演变趋势。

3. 需要测量哪些体验指标

设计体验指标时需要特别关注哪些体验对用户来说才是最重要的，包括理性的和感性的两方面。在当今市场上，许多B2B产品都是为了满足企业的需求（提高生产力、降低成本、简化流程）而构建的，这就是B2B产品的销售额普遍较高但用户满意度得分较低的原因——购买产品的人士并不是最终使用产品的人士。为了真正做到以用户为中心，我们需要关注谁真正会"体验"产品，以及他们最关心的体验是什么。

你该如何做到这一点？

第1步：洞察你的用户。

所有体验指标都必须追溯到用户视角。利用你对用户的关键洞察（参见本书第14章："用户同理心"），确定对他们而言最重要的是什么。

用户的痛点通常就是会对我们的体验产生负面影响的事情。请关注用户的苦恼和愿望，这些可能会暴露隐藏的痛点，或者从另一个视角洞察用户价值。

用户的兴奋点是提升用户体验的要因。记下一些细节：比如他们描述的导致他们愉快的因素，他们最喜欢自己工作的哪一点，或者他们理想中的体验是什么。

用户需求是用户在一项体验中需要的东西。记下你的用户做了什么，以及如何做才能帮助他们实现其想要的成果。

用户的成功揭示了他们期待达成的目标和梦寐以求的结果。

第2步：为用户洞见定义变量，找出可能的根本原因。

确定所有可能的因素，即变量，这些因素对每一项用户洞见都会产生影响。每一项用户洞见都可能有许多变量，使体验成为用户痛苦、快乐、期待或成功的原因。找到变量，我们就可以开始探求隐藏在这些洞见背后的根本原因，了解用户对"优秀"的体验或者"糟糕"的体验的心理模型。

对于每一项用户洞见，都要询问："是什么原因让用户感到痛苦、快乐、期待或成功？"

第3步：确定哪些变量是理性的，哪些变量是感性的，并为每个变量设定量化的测量项。

了解产品对用户完成工作的帮助程度（理性方面）以及用户在使用产品时的高兴与满意程度（感性方面）是很重要的。

- 理性方面的变量是定量的参数，例如，"交易完成时间"或"报废账单数量"。它们也可以是来自你通过远程定期收集的感官数据，例如，"点击次数"或"加载时间"。理性方面的变量可以直接用作体验设计的衡量指标。

- 感性方面的变量是定性的参数，如"平易近人"或"感觉被授权"。感性方面的变量无法具体测量，需要用到其他方法，比如，可以使用"李克特量表"[1]测量感性方面的变量。净推荐值、客户满意度都是

---

1 李克特量表是评分加总式量表中最常用的一种。它是由美国社会心理学家李克特于1932年在原有的总加量表基础上改进而成的。该量表由一组陈述组成，对于每一项陈述，被测试者可以在1—7的等级量表上自我报告其对陈述意见的赞同程度，1代表极同意，2代表同意，3代表有些同意，4代表中立，5代表有些反对，6代表反对，7代表极反对。——译者注

当今市场上用以测量感性方面变量的绝佳例子。

进一步调整感性方面变量的赋值，看看是否有任何理性指标会对感性指标产生影响。

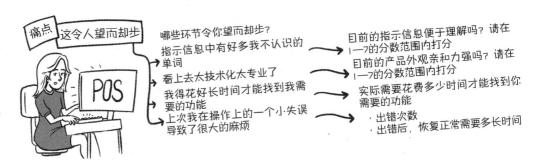

理性方面的指标	感性方面的指标
• 完成时间	• 满意度
• 点击次数	• 信心
• 加载时间	• 授权
• 出错次数	• 使用起来很有趣
• 寻求帮助所需的时间	• 感到有帮助
• 寻求帮助的次数	

小贴士

在评估过程中，参试者会逐渐适应你的产品，逐渐改进他们的指标并扭曲数据，使其对以后的任务更积极。你可以通过调整测试任务的方式来防止出现这种情况，即更改每一位参试者的任务顺序，这样生成的数据更为准确。

4. 用于测量体验指标的方法

可供选择的方法有很多（参见本书第25章："挑选用户调研的方法"），但无论选用哪种方法，都应具备以下能力：

• 用户能够与你的产品进行交互。

- 用户回答的问题既包含了定量（理性）问题，还包含了定性（感性）问题。

- 用户提供的反馈要足够坦诚。

- 调研人员可以准确测量理性的和感性的指标。

不需要拘泥于一种方法，可以使用你认为合适的方法组合。例如，你可以将访谈（用户调研人员可以提出定性问题）、可用性测试（用户可以与产品进行交互以测试每一种体验，调研人员可以测量"完成时间"等指标）和问卷调查（用户可以回答一组标准化的定量问题以供后续分析）等方法要素结合起来。

当你在规划测量方法时，要对**输入**和**规程**格外小心。

输入是参试者在评估期间使用的产品原型。输入的可信度不尽相同，但根据经验，可信度越高，测试的结果也就越准确。请注意：如果你想测量数据随着时间推移的变化趋势时，每次调研时所使用的原型的保真度必须相同。

规程是你将用于有效捕获所需的所有数据与洞见的脚本。规程包含：

1. 你给参试者布置的任务： 在你选择评估的体验中，你的用户可能会遇到哪些真实场景？在你编写任务时，请涵盖你希望他们执行的任务及其情境。同时，你的任务尽量不要过于程式化。否则，参试者将花费更多时间才能牢记任务，那么向你展示他们是如何完成任务的时间则会减少。

- **可以这样编写脚本：** "你的公司刚刚开始使用一种新的沟通工具，他们与你分享了以下电子邮件以帮助你学会使用该工具。请根据该邮件的指示信息创建你的账户并设置你的个人资料。"

- **不要这样编写脚本：** "单击电子邮件中的链接，选择'创建新账户'选项，然后设置页面以将自己添加为员工。完成后，在个人资料中填写你的信息，添加你的照片。最后请单击'保存'按钮。"

2. **成功完成这些任务的标准**：成功的标准定义得越具体，在总结调研成果的时候就越简便。

成功的标准：参试者必须能够成功完成以下80%的任务。

- 在电子邮件中选择"快速入门"。
- 在"设置"中添加所有的必填字段。
- 选择"员工"作为用户类型。
- 在"简历"中添加所有的必填字段。
- 保存个人资料并登录主聊天屏幕。

3. **你想要询问的问题**：你想获得哪些定性或定量的调研成果？作为最佳实践，尝试将你提出的问题标准化，以确保你为每个任务从所有参试者那里收集到相同的信息。这是一个收集更多主观或感性指标的好机会。

4. **每次任务完成后你要提问的问题：**

- 刚刚，你经历的事情有你喜欢的吗？最喜欢的是哪一件？
- 刚刚，你经历的事情，最不喜欢的是哪一件？
- 在1—5分的范围内（1表示非常不直观，5表示非常直观），你如何评价该工具在该任务中的直观性？
- 在1—5分的范围内（1表示非常没用，5表示非常有用），你如何评价该工具在该任务中的有用性？
- 在1—5分的范围内（1分表示强烈反对，5分表示强烈同意），你是否同意以下说法：我觉得我的成就得到了认可。

在开始评估之前你需要：

- 在受控环境中（例如，可用性测试实验室）做一次初始评估，为用户体验建立体验指标的基线。这将允许你对后续结果进行比较，并挑选出使用户的体验更好或更差的可变因素。
- 定义优秀、一般和拙劣体验的阈值。这将使每个人在看到调研结果时都能对什么是"优秀的体验"和"拙劣的体验"保持一致的认知。

- 可靠的和标准化的评估方法对于持续衡量你的体验指标至关重要，而一致的认知对于结果之间的比较是绝对必要的。

5. 激活你的发现

体验指标旨在帮助组织内的所有团队都采取行动。因此，在对每一项体验指标进行了测量、分析并整理之后，就可以将衡量结果与相应的跨职能团队进行交流，这样你就可以通过团队之间的协作有效确认：需要优先为用户解决哪些设计问题以改善体验。

确定解决这些设计问题的最佳解决方案，实施解决方案、然后再次执行评估活动。必须在每季度、每半年或每年定期对结果进行比较，以识别需要改进的方面以及持续改进的机会。

6. 将指标与业务成果相关联

提供卓越的体验会对业务的各个方面产生连锁反应。在你衡量用户体验指标时，将这些指标对下游的影响映射到你衡量的业务指标之中。从所有的业务目标中你都可以看到用户体验的品质带来的影响：

- **财务**：以用户为中心的体验有助于公司实现更大幅度的收入增长。产品带来更好的用户体验，不仅会提升采用率和保留率这些指标，而且还可以带来更高的利润，因为用户总归都愿意为更好的体验付出更多的钱。
- **用户**：构建更理想、更可用和更有用的产品可以提升用户生命周期的业绩。具体而言，更多的目标用户会转化成真实用户，用户的参与度和满意度也会得到显著提高，用户会乐于重复购买产品，甚至成为终身用户（用户忠诚度）。
- **流程**：当你专注于为用户提供卓越的体验时，你将会看到内部的创新流程和公司运营都会发生积极向好的变化。

□ **创新过程**：积极收集用户体验反馈，适时启动创新过程，组织借此能够建立并维持其竞争优势。

□ **运营**：基于用户反馈的团队更有动力打破组织内孤岛，更积极参与协同工作以改进产品，为用户创造出更优秀的体验（参见本书第36章："跨职能协作"）。

□ **员工**：专注于为用户创造最佳体验，员工可以向着更高远、更强大的目标砥砺奋进（参见本书第17章："共享同理心"）。在以用户为中心的公司里，员工的整体满意度更高，公司内部营造起强有力的同理心文化（参见本书第16章："体验设计的文化"）。

公司关注哪些类型的指标，就充分说明对公司来说什么是重要的事项。例如，增加利润和降低成本是否是公司优先考虑的事项？或者，这一点才是最重要的：将用户的目标设定为自己的目标，真正展现出强大的同理心以及用户至上的文化。

逸闻轶事：没有终点线的比赛

一家人称业界翘楚级的科技型公司的首席执行官乐于谈论用户体验的重要性。然而，在他的公司里，关注并跟踪体验设计品质的指标一项也没有。相反，他们测量产品的数量，评估设计师设计出的功能总数量以及频率。

这对设计团队来说是一个挑战。该公司发布的所谓"高科技功能"都是用户感到索然无味的；推出的产品都很烦琐复杂、需要用户接受专门培训后才能操作使用；接二连三推出的各种新功能让人应接不暇，也让导航变得无所适从。所以，虽然该公司不断推出新产品，但团队并不知道他们到底是在改善用户体验还是在恶化用户体验。

最终，团队决定去测量一批有关体验设计的基本指标（例如，任务完成时间、完成率和满意度得分），在测量了一批发布的产品版本之后将测量结果提交给管理层。这些测量结果揭示了大量深层次的问题，例如，"我们如何知道我们正在做的工作是正确的工作？"以及，"我们到底在多大程度上能够解决用户的实际问题？"

很快，与体验设计相关的指标被明确定义为决定每个版本能否发布的控制性因素，组织能够将自己的体验设计品质与其他竞争对手进行比较，规划产品路线图的工作也更加有成效。这个故事告诉我们：大型组织引入"以用户为中心"的指标，标志着组织从此迈入一个新的时代——组织的管理重心从数量转向质量，从功能转向用户。

如何最大限度地发挥本章内容的价值

● 使用体验设计的指标来推动组织文化变革。经常向同事和兄弟部门公布你通过测量得到的体验设计的指标，利用这些量化的数据为你的团队设定明确的目标。创建与你的体验设计指标相关的、能够揭示团队是否大获成功的指标，以便你可以将"关注用户"列为每个人的最优先事项。

- 尽可能保持调研设计的一致性。遴选参试者的标准、体验设计的指标、任务和测量方法，这些事项都要标准化。否则，随着时间的推移，你将无法对它们逐一进行比较。

- 对于每一项指标，都要清楚知晓你为什么要测量它。你可以畅想出一百万个变量来生成一百万个体验设计相关的指标，但这并不能帮助你准确有效地测量哪一项设计才能够给用户带来优秀的体验。在这件事上还是要回归本心——你想要解决核心用户的哪些问题，评估其对用户体验的影响。

本章总结

　　每一个信奉用户至上理念的企业都应该测量其用户体验的品质，就像测量其财务和运营指标一样。一旦你能够确定哪些指标对于用户而言才是最重要的，你就能够正确评估体验的品质，构建出用户珍视的解决方案，从而在组织内培育出用户至上的文化。

相关章节

第16章 体验设计的文化　　　　第17章 共享同理心
第25章 挑选用户调研的方法　　第26章 招募用户调研的参试者

第29章

有效管理和应用调研成果
——如何有效管理和应用用户调研的成果?

即使组织能够有效实施用户调研并将其置于很高的优先级位置,用户调研的成果也不见得都能充分发挥其潜力。这些成果往往并没有向足够广泛的受众开放共享,并没有存储在一个容易读取的地方,也没有以直截了当的方式呈现,因此很多团队甚至并没有意识到这些资源的存在。本章向你展示了如何集中管控用户调研的成果,如何将其用于有意义的需求分析工作,如何从调研得来的数据中探求规律并用于预测。

你为什么需要阅读本章?

本章内容将帮助你的企业:

- 更容易看到你从用户调研中得到的成果。
- 将用户调研成果列为组织的战略资源。
- 为跨职能团队转换为"以用户为中心"的团队打下坚实基础。

有效管理和应用调研成果,谁是关键角色?

角色	谁会参与其中	职责
驱动者	用户调研人员	• 存储所有的资源和交付件 • 定义为所有资源编写索引的流程 • 建立索引 • 维护数据仓库
贡献者	体验设计师 跨职能团队	• 支持上述工作,交付相应的交付件 • 引用精选出的资源

"有效管理和应用调研成果" 的注意力画布

成果的来源与存放地点
→ 你的调研成果源自哪些团队?
→ 你的调研成果源自哪些静态的或动态的资源?
→ 调研成果存放在哪里?

结构化存储数据
→ 数据仓库如何组织?
→ 谁来使用数据仓库?
→ 怎样使用数据仓库?

→ 数据仓库的命名规则是什么?
→ 如何创建直观的信息存储架构?
→ 数据本身如何做到结构化?

分析以及有效利用数据仓库
级别1
→ 数据蕴含的观点如何影响到组织?
→ 你可以从所有的观点中提取到哪些设计问题和设计机会?

级别2
→ 数据中隐含哪些趋势?
→ 数据中隐含哪些模式?
→ 通过这些数据,你可以为用户或者公司发掘出哪些预测模型?

共享和应用调研成果
→ 谁拥有访问权限?
→ 组织如何分享调研成果?
→ 谁来确保调研成果得到有效应用?

持续维护数据仓库
→ 谁负责维护存储调研成果的数据仓库?
→ 怎样确保及时更新数据仓库,防止无关的信息混入其中?

怎样实施

为了能够在有效管理和应用调研成果方面取得事半功倍的效果，你需要注意：

1. 用户调研成果的来源与存放地点

用户洞见存在于组织内的各个部门里，并不仅仅在用户调研部门，营销部门、技术支持部门、销售部门甚至财务部门等都会产生或收集到富有价值的用户信息和业务数据。然而，这些信息往往在这些部门中是孤岛一般的存在。

不同部门收集到的关于用户的行为、语言（片段），以及各种观测结果都是用户调研的关键成果。这些成果包含了用户对于产品生态系统或产品的所喜、所厌、所需、所感、所求。

可以通过以下列方式打破组织内孤岛，创建一个在组织内共享的、存储所有成果的数据仓库：

- 从所有团队那里盘点并收集所有有关用户和业务的数据信息。
- 为所有团队创建一个可以存储用户信息和用户调研成果的地方。

用户调研成果数据仓库是一个指定的数字存储空间，你的组织中的所有部门都可以轻松访问该存储空间。此外，由于该存储空间里存储的都是重要的信息资产，所以它必须足够安全。有了这个数据仓库，可以显著增进各部门之间的协作，可以让协作更加透明，并且能够确保数据不会随着时间的推移而湮没。

在建立并完善数据仓库之后，应将所有类型和规模的数据收藏其中：

- **静态数据**，例如，仪表测量结果及其分析报告。
- **动态数据**，例如，社交媒体上的聊天记录。
- **量化数据**，例如，满意度得分。
- **定性的数据**，例如，访谈的视频或图像。

2. 结构化存储数据

只有当使用者能够找到他们需要的信息时，用户调研成果的数据仓库对他们而言才是有帮助的。当整个组织中所有的用户调研成果都存储在数据仓库时，就要对数据进行结构化，这样才易于使用，才有意义。

想想谁将使用数据仓库，他们将利用它做什么事。使用此信息可以：

- 建立结构化的命名规则。
- 创建直观的信息存储架构。
- 定义一目了然的索引。

新员工可能会利用数据仓库了解某些特定产品的所有信息。体验设计师可能会利用数据仓库查找某些特定用户的所有痛点。

3. 成熟度有高低，价值也有大小

现在，在对数据进行结构化的存储之后，你可以开始享受数据仓库带来的价值。至少，数据仓库能够帮助使用者找到他们想要的东西。更进一步来说，数据仓库可以帮助使用者发现其他相关资源，甚至可以预测他们需要什么信息。

日积月累，数据仓库里的信息越来越丰富，你的组织可以对它实施两种不同层级的分析。你可以从数据仓库中享受到或大或小的价值。

级别1：观点集

观点集是针对特定视角的数据集合。例如，如果有人想从对特定用户的分析或研究中获得洞见，那么，他们不仅应该能够访问这些用户调研成果，还应该能够访问与该用户相关的产品，共享团队的研究成果以及用户在使用产品之后的体验报告。

对你的组织而言，广泛获取不同维度的观点集是至关重要的。例如：

- **用户**："我想了解关于代理人的所有信息。"
- **意图**："我想了解所有想要管理客户端的用户。"

- **产品**："我想了解所有关于'代理门户'的信息。"
- **体验**："我了解所有有关入职的体验。"
- **发布信息**："我了解所有在2021年第二季度发布的版本信息。"
- **领域**："我想了解所有房地产领域的信息。"

组织中的任何成员都应该能够访问上述所有观点集，并且能够立刻从中获取价值，比如，获取知识、节省时间、做出更全面的决策、增强用户同理心。

在这一级别，你还可以获取足够的信息，从而能够从用户、产品和业务中挖掘出设计方面的问题和机会。

级别2：趋势与相关性

这一层级的分析更为高级，它可以将点状的调研成果连接起来，从而能够有利于执行相关性、发展趋势乃至于预测方面的调研。

发掘数据点（例如，用户体验指标、不同版本或产品性能参数）之间的变化趋势，摸清楚数据之间的规律与相关性，此举可以为你的企业带来巨大的价值。它可以清晰辨别用户体验孰优孰劣，深刻揭示给你的公司带来的影响。

举例说明，你发现"用户满意度"与"完成工作流所需的时间"这两项指标之间存在着反比例关系。通过这一发现，你可以找到提高用户满意度的机会。或者，你发现所有拥有两年或两年以下产品使用经验的用户对产品信息的直观性抱怨最多。它告诉你，你需要改善新手用户对产品的体验，要对新手用户更友好。

日积月累之下，你从数据仓库中获得的调研数据也会不断增长。最终，数据提供给你的计算能力可以帮你创建模型以预测未来。这意味着你能够在某个主题上积累一系列调研成果，如果利用好它们就可以预测产品未来的发展方向。

这种深度的洞见将有助于你的团队做出更全面的决策以改善用户体验，并为你的公司带来丰硕的短期和长期的业务价值。

4. 在组织内广泛共享调研成果，大力推动其有效利用

如果利用得当，用户调研成果数据仓库可以提升组织内各个部门的能力，从整体上培育用户同理心，降低产品研发失败的概率。组织中的每个人都需要了解并养成定期从数据仓库中汲取营养的习惯。

以下举措有利于在组织内广泛共享调研成果，大力推动其有效利用：

- 为每个人提供访问权限。
- 经常分享见解。
- 鼓励经常使用。

5. 持续维护数据仓库

图书馆需要一名图书管理员来管理图书，用户调研成果数据仓库也需要一名管理员来管理和维护它。

指定一名管理员维护数据仓库，确保数据易于使用者访问和查询。管理员要遵循标准化的流程和指南来有效保障：

- 数据仓库对用户友好、易于使用。
- 数据真实客观、有条有理。
- 超前的、规范的管理，确保即使数据仓库的内容日渐增多，未来的管理员也不会手足无措。
- 及时更新数据仓库，防止无关的信息混入其中，确保数据仓库始终能够为你的组织带来价值。

逸闻轶事：数据混乱的危险

有位顾问接受了来自一家医疗保健领域公司的一项目标远大的任务：打破产品之间的隔阂，横向整合客户公司的产品套件。在过

去的五年中，这家公司内数个不同的团队各自都收集到了一批宝贵的数据，涵盖用户调研、销售和市场等若干领域。但是，组织内没有人知道这些数据存放在哪里，甚至根本就不知道它们的存在。因为它们从来就没有被交叉分享过，当初实施调研的许多人士也已经离开了公司。顾问发现，想要综合应用这些成果几乎是不可能的。无奈之下顾问团队前后花费了六个多月的时间重新收集数据，这浪费了巨大的机会成本，而且还让公司内的团队倍感挫折，原项目的计划也不得不延迟。如果当初有一个功效强大的数据仓库管理系统存放这些成果，这些问题本可以避免的。

如何最大限度地发挥本章内容的价值

- 只建立一个数据仓库，它应该为整个组织提供一站式服务。确保数据仓库不会就同一数据存放有多个不同版本。

- 良好的权限管理。为了降低数据被意外篡改的风险，请为你的数据仓库建立有效的分级管理机制。

本章总结

　　通过用户调研或者其他任何形式获取的成果或数据，只有在每个人都知晓并了解它们的情况下，才能在整个组织内建立起"以用户为中心"的思维模式。拥有功效强大的用户调研成果数据仓库，将会使这些成果在整个组织范围内得到分享，有利于促进"用户洞见驱动的产品决策"，并提升调研活动的价值。

相关章节

第17章 共享同理心

第30章

用户调研规划
——如何高效地开展用户调研项目？

信息就是力量，信息越具体，风险越低。本章将为你提供一个框架，可以确保你收集到正确的用户洞见，有效推动创新，帮助组织规避风险，持续交付能够让用户产生共鸣的宝贵产品。

做好用户调研规划，谁是关键角色？

角色	谁会参与其中	职责
驱动者	体验战略规划者	• 培养有效的用户调研思维模式 • 组织和督导调研工作 • 确保调研成果在整个组织中得到传播和共享
贡献者	用户体验调研人员	• 根据目标设计实验 • 开展调研 • 交付调研成果 • 督导公司在各项活动中正确、一致、持久地运用用户调研成果 • 确保收集到各种洞见

"用户调研规划"的注意力画布

成体系地管理调研成果

形成基础性调研成果
→ 组织中的哪些部门需要基础性的调研成果？
→ 哪些调研成果还需要进一步更新？
→ 哪些调研成果适合哪种用户、哪种体验？
→ 通过哪些调研活动取得成果？
→ 如何汇报调研成果？
→ 形成性调研成果的调研活动占比是多少？

评价性调研成果
→ 哪些体验的输入需要被验证？
→ 你收集了哪些体验的衡量指标？
→ 通过哪些调研活动取得成果？
→ 如何汇报调研成果？
→ 评价性调研成果的调研活动占比是多少？

感官性调研成果
→ 用户当前的体验如何？
→ 怎样收集不同用途、不同细分市场的数据？
→ 你收集了哪些体验的衡量指标？
→ 通过哪些调研活动取得成果？
→ 如何汇报调研成果？
→ 感官性调研成果的调研活动占比是多少？

派遣合适的人员来推动项目
→ 谁为调研的输出成果负责？
→ 你需要哪些拥有专业技能的人员？
→ 需要哪些部门参与跨职能协作，并且保证与产品路线图相一致？

从可靠来源中提取数据
→ 你的数据来源有哪些？
→ 你从哪些内部部门获取数据？
→ 你从哪里找用户调研参试者？

建立团结协作的工作氛围
→ 有效存储和跟踪调研成果的途径有哪些？
→ 如何向团队展示调研成果的成果？
→ 如何与团队沟通用户调研的成果？
→ 如何激发其他团队对用户调研的兴趣，进而使其参与到用户调研工作中？

为团队提供有效的工具
→ 为了有效执行用户调研工作，你需要哪些工具？
→ 为了有效收集调研成果，你需要哪些工具？

建立并维护适当的治理体系
→ 按照怎样的频率安排各种类型的用户调研活动？
→ 如何向团队授权依据开展用户调研活动？哪些决策需要依据用户调研的数据，是否制订了相应的检查单？
→ 为了保障用户调研的品质，还需要出台哪些举措？

怎样实施

为了能够高效地规划用户调研，你需要注意：

1. 成体系地管理调研成果

用户调研的成果分为三种不同类型：形成性调研成果、评价性调研成果和感官性调研成果（第24章："真正洞察用户的'用户调研'：导言"）。这些成果都是长期以来从各种渠道，利用各种方法收集来的（第25章："挑选用户调研的方法"），你需要确保团队可以正确应用当前获取的一系列成果。

用户调研得到的这些洞见是"以用户为中心"的理念的基石，是业务价值的源头，原因如下：

- 它可以确保用户始终处于用户调研的闭环之中。
- 它可以从多视角为调研团队提供关于用户的信息和数据。
- 它可以洞察当前需要解决的问题。
- 它可以测试团队解决问题的能力。
- 它可以为团队指明未来应该解决的问题。

组织的成熟度不同，组织的产品研发管理成熟度不同，三种不同类型的调研活动的比例也会有所不同。

如果组织研发的产品尚处于构建阶段

形成性调研将有助于你的组织对用户、用户的需求以及用户需要解决的问题有一个基本的了解。在设计任何产品之前，都可以参考形成性调研的成果了解需求及其业务优先级。实施形成性调研可以使用人种学研究和情境调研等方法。

如果组织研发的产品已经处于成长阶段

可用性测试是一种常用的评价性调研方法，许多公司都用它来快速验证自己的设计，它可以帮助产品研发团队在发布产品之前识别出各种问题。无论产品或产品原型当前的保真度如何（无论是设计草图，还是已完成编码的用户界面），只要能够提供给参试者可以与产品或产品原型交互的机会，都可以使用可用性测试方法。当然，测试结果的品质与产品设计的保真度成正比。

如果组织研发的产品已经处于维护阶段

感官性调研可为已经投放到市场上的产品的未来路线图提供信息。通过仪器或定期测量持续收集数据（第28章："体验设计的指标"），你可以轻松确定，随着时间的推移，体验在哪里会出现向好或者转差的趋势，以及下一步需要重点关注什么。

2. 派遣合适的人员来推动项目

确保你为运行可靠有效的用户调研项目而配置了合适的人员，包括：

- **驱动者**：体验战略规划者负责创建和培养用户调研的思维模式，同时精心策划以保障项目取得圆满成功。

- **拥有各类技能的人员**：为了收集到满意的调研成果，你不仅要保障项目拥有充足的人力，还要确保他们拥有与项目相匹配的各类技能（参见本书第25章："挑选用户调研的方法"）。

  □ 既要有成员精通定量调研方法，还要有成员熟悉定性调研方法。

  □ 既要有成员精通如何测量用户的行为，还要有成员熟悉如何测试用户的态度。

  □ 小组成员的技能汇聚起来能够覆盖三种调研方法（形成性调研、评价性调研和感官性调研）的能力要求。

- **跨职能协作者**：设计、产品、工程和营销等多个职能部门必须协作起来共同支持用户调研项目，分享洞见，并自觉与产品路线图保持一致。只有在所有职能部门的共同努力下，组织才能创造出真正"以用户为中心"的产品体验。

3. 从可靠来源中提取数据

数据的来源对调研的有效性有着举足轻重的作用。数据的来源可分为两种方式：

- 主要来源是用户本身。没有什么方法可以取代与真实用户的交流！注意选择合适的招募渠道和招募方式，只招募那些你可以信任并符合参试者标准的人士（第26章："招募用户调研的参试者"）。
- 次要来源可能是来自组织内部的主题专家或销售人员。

工程部门、客户支持部门、市场营销部门以及首席技术官办公室可以提供一些关于用户如何与产品或组织交互的洞见。在与真正的用户交流之前，可以先从这些部门的人员那里了解一些基础的信息和知识。再次强调，与主题专家的交流只能是一种补充手段，并不能取代与真实用户的交流。

通常情况下，组织会采用次要调研手段来了解特定产品或体验的市场背景（除非你的组织自己进行调研）。切记，不能轻信那些博客帖子中的观点与信息。相反，应该关注声誉良好的市场调研机构的调研成果，例如，年度报告、财报会议、从应用商店中收集到的评论以及其他行业报告。

4. 为团队提供有效的工具

用户调研人员需要合适的工具来进行调研并收集他们需要的洞见。从操作层面来看，用户调研需要以下工具：

- 招募（参试人员）的渠道工具。
- 进度表工具。
- 给参试人员支付奖励的工具。
- 视频编辑工具。
- 分析工具。
- 创建交付件的工具。

- 成果管理工具。

从数据收集的层面来看，用户调研需要以下工具：

- 审核调研成果的工具。
- 问卷设计工具。
- 视频录制工具。
- 录音工具。
- 远程测量的仪器设备。

工具可以帮助你生成文档，提高用户调研的准确度和效率。优先考虑那些有助于提高用户调研准确度和效率的工具。

5. 建立团结协作的氛围

经常向组织内的其他成员分享用户调研的成果（洞见），以便每个人都能对调研的进展了如指掌，并增强对用户的同理心（参见第17章："共享同理心"）。要想使用户调研更具意义、更具可操作性，那就需要实时跟踪并总结调研成果，并且向组织内所有成员共享调研成果（参见第29章："有效管理和应用调研成果"）。

使用恰当的管理系统能够保障调研成果在组织内的共享，增强组织对用户的认识，从而使跨职能协作更加高效。此外，还能确保用户体验、产品路线图与工程项目实施规划三者之间的同步运行，降低产品失败的概率。

💡 小贴士

通过在办公室（或虚拟工作区）的高流量区域放置设计精巧、生动形象的海报，信息图表或用户真实反馈信息等，可以让组织内其他成员清晰地看到用户调研成果。此外，还需要在跨职能会议和公司全员大会上分享其中的重点成果。

6. 建立并维护适当的治理体系

与公司的管理层和跨职能团队通力合作，建立并维护适当的治理体系，能够使你的组织优先考虑引入用户调研的思维模式，能够让各个团队主动承担捕捉和挖掘真实、客观、有效的用户洞见的责任，能够提升用户调研规划的整体价值和可持续性。

- 按照固定的节奏（月度、季度、年度）切实开展三种类型的用户调研活动。
- 定期向全员公布调研成果。
- 形成用户调研人员参与设计评审的制度。
- 从新员工入职流程开始就激发团队成员对于用户调研的敏感程度。

> **逸闻轶事：释放用户调研的力量**
>
> 在21世纪初，当其他公司还停留在研究用户界面和键盘布局这样的初级阶段时，苹果已经开始花大力气通过形成性调研来发现消费者的需求，这直接促成了iPhone的研发。如今，苹果一直在用户调研方面不惜斥巨资。所以，他们才能定期发布iPad等新产品，对现有产品进行频繁地更新和改进，甚至毅然放弃像iTunes这样的陈旧产品线。

如何最大限度地发挥本章内容的价值

- 仅从真实用户处获取信息，因为没有人可以取代最终用户。与其他人士或者主题专家（均不是最终用户）交流会让组织面临依据错误洞见行事的风险。
- 鼓励和奖励参与。组织内的所有团队，从产品团队到财务团队，都应该对推动用户调研负责。鼓励组织内所有团队或个人参与用户洞见收集活动。所有人都应对用户调研的最终结果负责，所有人也应该为用户调研取得显著成效而感到自豪。

- 交叉验证你的调研成果。综合应用所有调研成果，通过各种方法和来源广泛收集信息和数据。这样，你就可以对数据进行三角分析，提高调研成果的可信度和可靠性。

本章总结

　　优质的情报是获得竞争优势的关键。这就是为什么用户调研有潜力成为公司内最具价值驱动力的投资事项。为了最大限度地提高调研的投资回报率，你需要投资于正确的系统来管控和治理这些调研活动。

相关章节

第17章 共享同理心　　　　　第25章 挑选用户调研的方法

第26章 招募用户调研的参试者　第27章 用户调研的品质

第28章 体验设计的指标

第29章 有效管理和应用调研成果

产品思维

"如果只给我1小时的时间去拯救地球，我会用59分钟来定义问题，再用1分钟时间来解决问题。"

——阿尔伯特·爱因斯坦

第31章

产品思维：导言

——建立一个系统以便准确识别问题、优先处理问题并针对问题展开协作

什么是产品思维?

产品思维是理解、策划、排序和协调组织内数不胜数的有关体验和设计问题的行为准则。简而言之，产品思维将有助于确定"真正需要解决的问题是哪些"，以便为用户和企业创造出最大价值。

产品思维的影响

根据《哈佛商业评论》最近发布的研究成果显示，每年有75%~95%的产品发布失败。这是因为大多数产品研发组织并没有集中精力解决对其而言真正重要的问题。产品思维将通过以下方式帮助你全面理解问题，快速厘清体

验之间的相互依赖性，确保提供最佳的产品体验：

- 在一头扎进解决方案之前先识别出用户及其相关的问题。
- 将你的产品的用户体验与市面上的其他产品进行对比分析，以确保你能发现最重要的问题。
- 使创新与产品体验的愿景和目标保持一致。
- 在理解原因的基础上，鼓励协作构思、计划和执行等工作。

关键概念

在深度解析产品思维之前，你需要先了解下面的一些关键术语和概念：

- 产品化是为一个（或一组）确定的需求或问题制定设计解决方案，并将其开发成一个经过充分测试、包装和销售的产品的过程。本书中的产品是为满足用户需求而向市场提供的任何数字化显示设备、套件、平台或服务。
- 体验的生态系统是将各类型用户及其在产品环境中的体验之旅结合在一起的体系。体验的生态系统可能包括用户、对象、关系以及在其相互之间建立连接的技术。
- 问题组合是为实现你的短期、中期和长期业务目标而必须解决的、创造有效的产品体验的问题集合。

内容预告

这一部分内容将帮助你在一头扎进更为琐碎的细节之前首先考虑更广泛的产品体验。产品思维将帮助你回答以下问题：

- 什么是同类最佳产品体验？什么是产品体验的基准？（参见本书第32章："用户体验的标杆"）
- 如何保障在设计阶段刚开始的时候就走在正确的道路上？（参见本书

第33章："体验设计摘要"）

- 如何确定要解决哪些问题？（参见本书第34章："设计要解决的问题，设计要抓住的机会"）

- 如何确保为用户提供出色的产品体验？（参见本书第35章："产品体验策划"）

- 如何在整个组织内以及产品体验设计方面推动无缝协作？（参见本书第36章："跨职能协作"）

- 如何催生伟大的产品体验？（参见本书第37章："产品思维规划"）

　　用户更关心的是体验而不是功能。上述这些内容能够促使你将体验设计与产品的详细设计有效区分开来。

第32章

用户体验的标杆

——同类产品的最佳体验是什么？产品体验的基准又是什么？

竞争分析通常用于发现竞争对手当前在做什么，以及判断是否应该遵循他们的某些做法。然而，在大多数情况下，竞争分析往往只针对那些并没有创造出最佳的用户体验的直接竞争对手，你可以广泛借鉴不同领域、不同类型的企业，借此创造出源源不断的价值。本章内容将助你找到这些学习榜样，为你的产品体验创建一套清晰明确的标准。

你为什么需要阅读本章？

本章内容将帮助你的企业：

- 为产品体验确立市场基准与黄金标准。
- 评估你的产品体验在市场上与他人的产品体验之间的差距。
- 预测市场变化，发现新趋势。
- 专注于评估如何给用户提供最佳体验，避免盲目追随他人。

做好用户体验的标杆管理，谁是关键角色？

角色	谁会参与其中	职责
驱动者	用户体验调研人员	• 实施分析 • 记录所有发现
贡献者	用户体验设计人员	• 努力探求用户及其思维模式，贡献见解 • 根据发现的成果，确定设计范围的优先级

"用户体验的标杆" 的注意力画布

需要评估哪个用户及其体验
→ 谁是你的用户？
→ 你需要关注的用户体验有哪些？

在用户调研中需要探求的问题
→ 你想要从本项体验中学习到什么？
→ 你想要从本项体验中评估出什么？
→ 你想要从本项体验中比较出什么？

从哪些竞争对手那里可以获得灵感
→ 你最主要的竞争对手是谁？你想要评估他们的哪一项用户体验？
→ 从其他业务领域那里你还可以汲取哪些有关用户体验的设计灵感？

实施评估
最低可接受的体验
→ 对于某项体验，哪些属性是最常见的？
→ 对于某项体验，哪些属性是不可或缺、必须具备的？
→ 对于用户而言，最低可接受的体验的输出成果有哪些？

增强体验
→ 为了使某项体验变得更加便捷、有效，需要关注哪些属性？
→ 对于某类特定的用户而言，这项体验可以从哪些方面改进？
→ 对于用户而言，这些增强体验的输出成果有哪些？

最具变革意义的体验
→ 如果用户对一项体验表达出"兴奋"的感觉，有哪些表达方式？
→ 如果向用户交付一项与众不同的体验，需要考量哪些要素？
→ 对于用户而言，这些最具变革意义的体验的输出成果有哪些？

为自己的产品建立基准
→ 在最低可接受的体验级别，已经达成了哪些成果，还有哪些成果有待达成？
→ 在增强体验级别，已经达成了哪些成果，还有哪些成果有待达成？
→ 在最具变革意义的输出成果，已经达成了哪些成果，还有哪些成果有待达成？
→ 上述所有的体验，你首先关注哪一项？

采取联合行动
→ 你将怎样与你的同事分享调研成果，从而推动他们采取行动与你通力合作？
→ 你将如何有效利用调研成果以达成愿景？

怎样实施

为了做好用户体验的标杆的管理，你需要注意：

1. 你需要评估哪个用户及其体验

本章的目的是向你阐明：与其盲目跟风，像个莽撞的赌徒一样到处下注，还不如选定同类型最佳用户体验，勤学苦练。所以，你应该从体验路线图中选择一位用户、一项用户体验，以便进行详细分析（参见第19章："体验路线图"）。这将帮助你从中深入收集信息，避免设计范围飘忽不定。

选择你认为最有机会成就颠覆性效果的体验，或者你觉得缺乏足够的洞见的体验。

2. 你最想回答哪些在用户调研中探求的问题

你在用户调研中努力探求的问题可以作为分析的范围和方向。它们是明确的起点，是你在努力寻找的东西，可以让你更有效地评估体验。这些问题包括：

- 你想从本项体验中学习到什么？
  - □ 为了定义什么是"好"的试用体验，什么是"坏"的试用体验，需要哪些参数？
  - □ 关于本次试用体验，用户可以接受教育的不同方式都有哪些？
  - □ 关于本次试用体验，哪些内容易于吸收？
- 你想从本项体验中比较出什么？
  - □ 企业如何帮助用户在试用体验中实现自我教育？
  - □ 企业如何说服用户开始试用？
  - □ 企业如何将试用用户转变为付费用户？
  - □ 为什么大多数试用体验都做得不好？

3. 从直接竞争对手和间接竞争对手那里获取灵感

评估你的直接竞争对手是一项既定任务，因此你需要首先记录对竞争对手的评估结果。请记住，你所在领域的发展趋势并不一定是最好的。当然，这并不意味着你无法找到同业中最佳体验的例子，但评估直接竞争对手的主要目的是建立行业的基本标准，以及了解用户在一般情况下的期望。

接下来，想想其他行业或领域以卓越的用户体验而著称的公司。对相同体验的跨领域评估将会使你产生颠覆性的创意和想法，你可以将其纳入自己产品的体验设计过程之中。

小贴士

作为一名体验设计师，要在对用户体验产生积极影响的问题上坚定不移。

4. 如何实施评估？如何记录评估结果？

从你的用户调研问题入手，再加上已存在的竞争对手列表，你可以以一名用户的身份评估每一项用户体验，并记录下你的体验。密切关注这些公司正在做的事情，努力尝试使用"逆向工程"的方式推测他们为什么这么做。换言之，他们在"以用户为中心"的体验设计中取得了哪些成果？分别采用哪些方式在不同级别的用户体验上取得了这些成果？（参见第4章："用户体验价值链"）

收集完上述所有信息之后，对它们进行归纳总结，并将你发现的洞见归类到以下不同领域：

- 最低可接受的体验：这些都是不可再妥协的属性，都是大多数竞争对手都能展示出来的属性，也是向用户交付的体验所必须具备的最低要求。
- 增强体验：这些是使体验变得更加便捷、更加有效的属性。相比最低可接受的体验，这些属性可不容易见到，因为它们使得体验更加符合用户的期望，从而使最终交付的成果更高效准确。

- 最具变革意义的体验：与众不同的体验，能够为用户创造出愉悦的感觉，带来指数级价值的属性。这些属性能够真正给用户带来耳目一新的体验。具备这些属性的体验仿佛就是提供给用户的价值倍增器。

什么样的体验才是一流的体验？

- 最具变革意义的体验：
  - □ 与用户之间建立连接。
  - □ 让用户感受到自己有被倾听、有被关注。
  - □ 会让他们说出："哦——原来是这样的啊。"
- 增强体验：
  - □ 强调相关性。
  - □ 能有效传递用户情境中的价值。
  - □ 引导用户，为用户提供指南。
- 最低可接受的体验：
  - □ 产品稳定可靠。
  - □ 给用户一种独特的感觉。
  - □ 为用户提供专用的支持渠道。

---

5. 为自己的产品建立基准

既然你已经知道了业界的发展方向，以及最低可接受的体验、增强体验和最具变革意义的体验的标准是什么，那么你就应该对自己的产品进行同样的评估，以确定你的产品当前在用户体验方面满足需求的程度。你将充分知晓产品在哪些方面做得好，哪些方面还需要改进。

那些需要改进的地方，一定要有所改善。所以，你在实施评估的同时，还需要确定这些改善活动（例如，给产品增加新的特性）的优先级顺序。参考以下内容，为每一项改善活动做一个1—5分的排序（"1"表示最不相关或者最不可行，"5"表示最相关或者最可行）：

- **用户影响**：该活动会对用户体验产生多大影响？
- **业务可行性**：对比你的企业当前的资源，你在下一个版本中完成这项改善活动的可能性有多大？

将这两项排名相加，得出每个行动项的最终分数。

在"用户影响"和"业务可行性"这两个方面得分较高（8—10分）的改善活动，应纳入下一个产品发布的路线图中，并与产品团队的其他成员进行交流。其他评分较低（1—7分）的改善活动可能需要进一步放在中长期路线图中靠后的位置上，以便给企业充足的时间进行规划和准备。

小贴士

在给改善事项排列优先级的时候，你可以邀请其他部门参与其中。他们将就他们的团队如何做好准备（例如，业务可行性）给出建议，并就"用户影响"方面分享他们的专业意见。尽早从跨职能部门那里获得支持将有助于降低未来的风险。

6. 如何采取联合行动

你可以与体验设计师充分交流上述评估的结果，此举将有利于他们真正行动起来与你通力合作，创造出更加有利于达成公司体验愿景的成果。（参见第36章："跨职能协作"以及第20章："体验的愿景"）

充分利用上述评估结果，你还可以与体验设计师一道：

- 充分利用评估的结果与发现来提取**设计问题**。（参见第34章："设计要解决的问题，设计要抓住的机会"）
- 为每一项属性定义**体验指标**，以衡量你和竞争对手的产品在体验设计的品质上的差距。（参见第28章："体验设计的指标"）

- 制订**产品体验计划**，以交付最佳的产品体验。（参见第35章："产品体验策划"）

逸闻轶事：放眼世界，见贤思齐

有一次，我们的一个合作伙伴带着一个宏大的目标来找我们寻求帮助：为他们的数据仓库解决方案创造出优秀的产品使用体验，从而提高产品的采用率。在着手帮助他们之前，我们问自己：在这个世界上，哪一家产品的用户体验最棒？我们并没有将自己的调研局限于数据仓库领域，而是着眼于各类产品和各个行业。以下是我们纳入自己的使用体验评估范围内的一些案例：

- 特斯拉的试驾体验。
- Airtable[1]的模拟体验。
- Costco[2]的食品取样体验。
- 谷歌的搜索体验。
- Kickstarter[3]的推销体验。

我们从其他行业收集的经验教训为我们清晰地指明：客户方产品的最低可接受的体验、增强体验和最具变革意义的体验分别应该是怎样的。例如，我们了解到，最具变革意义的体验应该"与用户建立连接"，这不是我们可以从直接竞争对手（同样交付数据仓库解决方案）那里推断出来的。这一特性后来成为指导未来设计决策的关键性原则之一。

1　总部位于美国的一家开发在线协同办公工具的公司。——译者注
2　1976年成立于美国圣地亚哥的全球首家会员制仓储式大型连锁超市，2019年进入中国，中文名为"开市客"。——译者注
3　2009年4月在美国纽约成立的一家专为具有创意方案的企业筹资的众筹网站平台。2015年9月22日该网站创始人宣布重新改组为公益公司，不再追求将公司出售或上市。——译者注

如何最大限度地发挥本章内容的价值

- 尽可能跳出思维上的条条框框。要想真正了解如何才能交付最佳体验，请查看离你所处的领域最遥远的行业及其商业模式。如果你在一家科技型公司工作，想要向以体验为中心的行业翘楚看齐，那就应该关注娱乐、医疗保健和旅游、酒店等行业。通过这种方式，你会比只去关注科技型公司发现更多有价值的东西。

- 在企业内定期实施体验基准评估。市场的发展速度比以前快得多。这意味着基准也在快速发展变化之中。每1—2年针对此项进行一次评估，以确定任何变化或新兴趋势，并将你的产品体验保持在行业前沿，无论行业发展如何迅猛。

本章总结

　　为了交付在行业内会引发颠覆性影响的产品体验，组织必须避免盲目追随其直接竞争对手的做法。相反，他们必须从颠覆了其他行业的组织那里学习。本章将为你提供明确的方向：你应该从哪里出发（最低可接受的体验），你的目的地又是哪里（最具变革意义的体验）。

相关章节

第19章 体验路线图　第20章 体验的愿景　第28章 体验设计的指标

第34章 设计要解决的问题，设计要抓住的机会

第35章 产品体验策划　　第36章 跨职能协作

第33章

体验设计摘要

——如何从设计阶段开始时就做到以终为始，一举奠定成功？

"设计摘要"是各位关键干系人之间的一份内部"合同"，明确规定了针对即将开始的项目就范围、时间、交付件等方面商定好的需要遵循的条款。作为产品体验计划里的第一个步骤，每个项目从一开始就要创建一份设计摘要。它将锚定所有的干系人，并尽量避免可能导致项目失控的各种混乱情况。

你为什么需要阅读本章？

本章内容将帮助你的企业：

- 确立产品设计工作的背景与情境。
- 保持业务成果与预期用户期望之间的一致性。
- 明确干系人的期望。
- 在项目一启动时就识别差距。

制订一份行之有效的体验设计摘要，谁是关键角色？

角色	谁会参与其中	职责
驱动者	体验战略规划者	• 定义体验设计摘要 • 获得干系人的批准 • 随时监控执行情况，确保体验设计摘要没有偏离航道
贡献者	用户体验设计人员 其他设计人员	• 贡献观点，确保一致性 • 检查进度规划的可行性

"体验设计摘要"的注意力画布

背景信息
→ 你需要了解哪些背景信息?

问题空间
→ (分别从用户、业务和产品角度回答) 当前你需要解决的问题有哪些?
→ 有哪些痛点?
→ 造成痛点的根本原因是什么?
→ 痛点会造成哪些影响?

预期结果
→ 从用户、业务或产品等不同维度推演, 你希望交付的成果 (产品) 是什么?
→ 你期望外界如何看待你的用户和业务?

干系人
→ 谁是你的关键干系人?
→ 按照DACI矩阵定义, 他们各自扮演怎样的角色? 参与程度如何?

范围
→ 为项目设定好的范围是什么?

进度与时间要求
→ 关键里程碑有哪些?

交付工件
→ 将要交付哪些工件?

经验教训
→ 有哪些经验教训可以为后续的项目所借鉴参考?

怎样实施

为了制订一份行之有效的体验设计摘要，你需要注意：

1. 确保组织内各个干系人对产品设计工作的背景信息达成一致的认识

确保每一位干系人，特别是新员工，新加入团队的成员，都了解为确保设计阶段取得圆满成功所需要的背景信息，包括相关业务知识、客户群体背景介绍以及产品信息。还需要从最高管理层那里收集产品设计的关键要素，包括业务目的、产品线目标、产品价值主张（区别于其他产品）、产品的历史以及目标客户概况。

💡 小贴士

如果你意识到团队对上述信息的理解不一致，请召集关键干系人进行讨论，明确各项内容并协调一致，然后再继续产品设计工作。注意：解决这个问题刻不容缓，越早解决效果越显著。

2. 沟通用户调研中获得的洞见，定义好问题空间

识别并对齐你在设计中需要解决的问题。以下三个洞见的来源可以用来指导定义问题空间，它们分别是：用户、业务与产品。因此你需要首先回答好以下三个问题：

- （分别从用户、业务和产品角度回答）当前的痛点是什么？
- 造成痛点的根本原因是什么？
- 造成了哪些影响？

✍️ 示例

由于没有其他途径（**根本原因**），患者需要额外耗费五分钟的时间（**影响**）才能排队找到合适的医生（**痛点**）来解答他们的问题。

至关重要的一点：一定要让所有关键的跨职能干系人参与这项工作，并就问题空间达成一致。如果大家没有达成一致，这就意味着大家对于将要解决的问题有不同的认识，既浪费时间又浪费资源。

一旦你打磨好了用户调研获得的洞见，并且确定了问题空间，那么你就可以在设计开始之前确立设计所要针对的问题和机会。

3. 明确定义预期成果

对于已识别的问题，从用户、业务或产品等不同维度确定你希望交付的成果是什么。编写一份定义明确的输出成果清单，保证各个干系人可以对你所期望的产品最终状态建立完整、清晰的认知。该清单应包含：

- 定性的说明，描述企业和用户眼中的世界。
- 定量的说明，明确预期的改进数值及其单位。

在记录结果时，可以使用以下标准格式来保证记录是生动具体且无歧义的。

宏观的方法 + 改进方向（如增加/减少）+ 改进单位（如时间）+ 可供使用的改进测量项（如**5%**）

✎ 示例

> 通过数字平台提供的实时服务和医生信息（**宏观的方法**），让患者找到医生的时间（**单位**）减少约70%（**测量项**）。

确保所有的关键干系人对预期的成果保持一致的理解。在项目结束时，重新审视你先期定义的成果，询问自己："我们实现目标了吗？"

4. 识别与项目相关的、必要的干系人

识别你将在整个过程中涉及的干系人。否则，围绕"谁是负责人""谁来最终批准""我应该优先考虑谁的反馈"等问题会产生混乱。因此你可以应用下面的"DACI 模型"，根据专业技能以及预期的参与项目的程度，分

配相关角色：

- **驱动者**（Driver）：对整个项目负有最高责任的个体，通常是体验战略规划者。
- **批准人**（Approver）：作为最终批准人并拥有决策权的个体，通常是产品部门的负责人或总经理。
- **贡献者**（Contributor）：为项目做出贡献的个人或群体，通常包括体验设计人员，来自产品和工程团队的团队成员。
- **知情者**（Informer）：应随时了解项目进展状态的个体，通常包括主题专家，来自其他业务部门（如营销部门、客户支持部门）的人员，以及部门负责人。

5. 就范围达成一致

与所有干系人就范围达成一致是设定期望、保障项目顺利执行的关键。范围来自关键干系人（按照优先级顺序排序）之间的沟通交流，这些沟通交流活动通常在项目的启动会议上进行。

你在定义团队的交付范围时，请考虑以下要素：

- **用户**——用户是谁？
- **系统**——系统是哪一个？
- **产品**——涉及哪些产品？
- **体验和场景**——你将增强哪些体验和场景？

在编写范围说明书的时候要尽量具体，明确定义哪些内容超出项目范围，此举也是预防范围扩大的一种方法。

6. 确定进度表与主要里程碑

产品体验计划应包含详细的日期和可交付成果。相比之下，本章所描述的"设计摘要"里的进度表仅包括主要里程碑，例如：

- 项目开始和结束的日期。

- 关键会议或关键评审的日期。
- 其他重大里程碑。

7. 确定将要交付的工件

项目开始的时候，就要对项目过程中交付的工件做出明确规定。一般情况下，需交付的工件包括：

用户调研类

- 用户调研计划（含招募参试对象的筛选活动）。
- 面试讨论指南。
- 最终调研报告。

设计迭代类

- 探索发现：设计摘要。
- 构思创意：需要优先考虑的设计问题、设计机会，以及针对设计概念的探索性测试成果。
- 设计工作：工作流、线框图、视觉设计图、可供用户点击使用的原型。
- 设计交付：设计规格说明书以及质量保证测试结果。

协作类：

- 会议记录。
- 记录关键决策、关键行动项的文档。

8. 反思项目期间的经验教训

在项目结束时，重新审视设计摘要，反思并记录所有的经验教训。把你在项目开始时识别出来的干系人都请回来，一起讨论项目的执行过程中哪些活动执行有效，哪些活动执行无效，探讨如何更融洽地合作，以便在下一个项目中可以应用本次项目积累的经验教训。这是一个至为重要的步骤，因为这是真正践行持续改进的理念，促进团队不断成长。

小贴士

在UXReactor公司，我们使用两个框架进行自我反思。其一是按照"开始做""停止做"和"继续做"的分类总结经验教训；其二是按照"我喜欢""我希望"和"如果可以重来我将……"来梳理行动项。

逸闻轶事："必须做、可以去做、最好来做"的优先级顺序

我们公司曾被聘请去完成一项为期5周的监控设备的用户体验重新设计工作。一开始，我们把客户方的项目经理列为我们的主要联系人。他给我们提供了许多见解，以此为指导，我们完成了最初的3.5周的设计工作。然后，我们拜访了该公司的产品副总裁，向她介绍了我们的设计。会议开始才十分钟，这位产品副总裁就打断了我们，说："这不是我想要的……"这可是相当于"哦，你说的全是废话"这样的评价。

我们的错误在于并不知道最终批准人是谁，也没有从她那里获得正确的见解。副总裁对该产品的设计有一套截然不同的理念，她也以为我们在前面的工作中已经融入了她的理念。所以，在过去的3.5周里，我们一直都在跟错误的问题白较劲。

这个项目从此开始进入了艰难时刻。我们不得不竭尽全力冲向终点，把原本需要5周的工作时间缩短为1.5周，全力以赴追回失去的时间。我们甚至牺牲了晚上和周末的休息时间，工作强度苦不堪言。团队的积极性直线下降，焦虑加剧，客户也浪费了大量的时间和资源。

　　如果你不想重蹈我们的覆辙，那你就应该在任何一项设计开始之前，预先制订一份明白晓畅的设计摘要，完整列出所有必要的干系人，明确列出所有的工作范围，并且在各个干系人之间达成一致。

如何最大限度地发挥本章内容的价值

- 在开始任何设计工作之前，确保所有的关键干系人评审并签署这份设计摘要。
- 在以后的会议上，只要有人对正在解决的问题或者将要实现的预期结果产生疑惑时，就适时拿出来这份设计摘要（帮助大家统一思想）。
- 实时更新设计摘要文档。定期监控进度表的达成情况，如有偏差立即上报。

本章总结

　　不要低估设计摘要文档的价值。这是一份承载着关键性决策的文件，这里设定了明确的期望，可以消除干系人之间的分歧并提前与关键干系人达成一致，可以最大限度地保障团队获得成功。所以，在这项工作上投入1个小时，将会为未来扫清大量的障碍，未来花上10个小时都不一定能做好。

相关章节

第34章 设计要解决的问题，设计要抓住的机会

第34章

设计要解决的问题，设计要抓住的机会
——如何精准确认要解决的问题？

很多初出茅庐的设计师总喜欢在明确定义问题、明确待解决的问题是否重要之前，一头扎进问题里着手解决问题。本章的主要内容——设计要解决的问题（Design Problems，DP）和设计要抓住的机会（Design Opportunities，DO），指的是根植于对用户和业务需求的深刻理解，重新构建问题，从而催化出突破性的想法和设计。DP和DO能够让团队专注于"正确的问题"，推动团队和组织从坐享其成、一曝十寒变得斗志昂扬、追求卓越，并最终为用户带来愉悦的体验，使组织蓬勃发展。

> **你为什么需要阅读本章？**
>
> 本章内容将帮助你的企业：
>
> - 精准提取待解决的问题。
> - 从多个角度探讨问题，从而激发更多创意。
> - 提升团队的专注度和整体生产力。
> - 让组织始终专注于最重要的问题，借此为组织带来更大转变。

有效识别DP和DO，谁是关键角色？

角色	谁会参与其中	职责
驱动者	体验战略规划者	• 从多个来源收集洞见 • 解构问题，并正确界定问题 • 为DP和DO设置优先级
贡献者	用户体验设计人员 其他设计人员	• 协助识别问题 • 将设计解决方案溯源到最初的用户洞察和已识别出的问题上来 • 与其他伙伴通力合作

"设计要解决的问题，设计要抓住的机会" 的注意力画布

从源头上洞察DP和DO
→ 关键的用户洞察、业务洞察以及产品洞察分别是什么？

正确陈述问题
→ 如何组织和构造DP与DO？

在制定解决方案之前，对所有的DP和DO进行优先级排序
→ 为了解决用户问题、业务问题，都需要关注哪些问题以及产品问题？DP与DO？
→ DP与DO的排列顺序如何？

解构复杂的问题
→ 如何将体量庞大的问题分解到你和你的团队可以从容应对的细小单元？

持续合作与移交
→ 谁是需要合作与分享有关DP与DO信息的关键角色？
→ 为了验证DP是否已经被解决，谁需要参与其中？

怎样实施

为了有效识别设计要解决的问题以及设计要抓住的机会，你需要注意：

1. 从源头上洞察DP和DO

所有DP和DO通常可以追溯到以下三种主要类型的洞察：

- **用户洞察**：源自用户调研团队实施的用户访谈与观察活动。用户洞察记录了用户体验中的痛点和兴奋点。

 示例

用户喜欢与同事一起合作构思项目计划。

- **业务洞察**：源自针对行业、业务或竞争对手而收集的情报。对于一个组织来说，业务洞察是独一无二的。（第28章："体验设计的指标"）

 示例

上一季度，续订量减少了15%。

- **产品洞察**：以产品或平台为中心，它们来自产品的指标和使用细节，或者直接用户在使用产品后的反馈。

 示例

与以前的产品版本相比，用户完成任务的时间延长了20%。

2. 对体量庞大的问题进行解构[1]

在你试图深入了解用户、业务或产品时，你可能会发现其体量过于庞

---

1 "解构"或译为"结构分解"，其概念源于海德格尔在《存在与时间》中的"deconstruction"一词，意思是分解、消解、拆解、揭示。"解构"一词由钱钟书先生翻译而来。——译者注

大，挑战你的认知。这时你需要将其进一步
分解为更小规模的组件（第28章："体验设
计的指标"）。此举是为了能够了解所有不
同的要素，而且，如果我们将这些要素通盘
考虑，将有助于回答为什么问题首先发生的
问题。所以，你需要对体量庞大的问题进行
解构，将其分解为问题单元，并将重点放在
你或你的团队能够解决的问题上。

3. 正确地陈述问题

　　现在你已经清楚知晓你要解决的问题都由哪些要素组成，那么你需要对这些问题做出界定和陈述。这是你为继续前行而迈出的坚实一步。你陈述问题的方式将决定你是否精准识别出正确的问题，进而决定你的解决方案是否能够真正解决用户、业务或产品的问题。

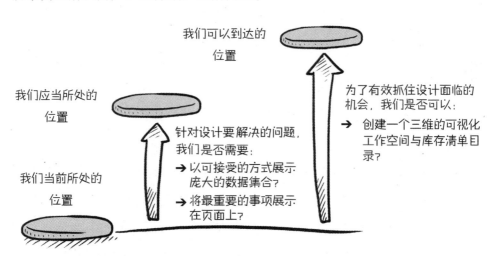

陈述问题的方法有两种：

- 针对DP，可以从精确地回答"我们怎么才能（How Might We，HMW）"这样的问题开始。一个界定清晰的"HMW"问题可以将你对DP的见解转化为需要他人思考和参与的问题。我们经常看到的一个错误做法就是，在设计问题的陈述中包含解决方案的内容。如果想要对DP做出正确的陈述，那你就不应该在提出问题的时候提到关于解决问题的任何具体方法，而只包含期待实现的最终目标。

> **划重点：**"人们并不想买一个直径为四分
> 之一英寸的钻头。他们只想要打一个直径
> 为四分之一英寸的洞！"
> ——西奥多·莱维特[1]教授

✏ **示例**

> **错误的陈述，以解决方案为导向：** 我们怎样才能使用语音命令为年轻妈妈创造良好的购买体验？
>
> **正确的陈述，以目标为导向：** 我们怎样才能为年轻妈妈创造良好的购物体验，以有效缓解她们在带孩子购物时手忙脚乱的窘境？

在第一个陈述里，"语音命令"是一个解决方案，它并没有开辟出一个广阔的空间，用来集思广益可以解决问题的所有方法。而第二个陈述就有效避免了在问题描述中包含任何解决方案，它专注于陈述目标，即"缓解妈妈带儿童购物时的窘境"。

- 针对DO，可以从精确地回答"如果我们能这样做（What If We，WIW）"这样的问题开始。DO与DP的不同之处在于，DO需要将挑战转化为对问题的陈述，打破常规思维方式的条条框框，激发出创新思维，最终提出打破现状的解决方案，从而给用户带来巨大的乐趣。

1　现代营销学的奠基人之一。他曾长期担任《哈佛商业评论》的主编，代表著作有《营销想象力》《业务增长市场学》《第三产业》等。——译者注

✍️ **示例**

> **观察**：在对"用户注册体验"进行调研时，多个用户反馈：感觉这个过程很麻烦，步骤太多。
>
> **DO陈述**：如果我们能采取一种完全不同以往的做法，彻底取消注册过程呢？

在本例中，客户不希望公司通过单一交互提供注册体验，因为他们习惯了注册过程的行业规范。然而，该公司完全有能力通过将多个部门聚集在一起来提供这种体验。把握这个精心设计的设计机会真正让用户满意。

注意：DP和DO可以跨越多个级别，包括UI级别、PX级别和XT级别（参见本书第4章："用户体验价值链"）。

✍️ **示例**

> **UI 级别的DP**：我们如何让行为召唤[1]在屏幕上变得更瞩目、更明显？
>
> **PX级别与XT级别的DP**：我们如何提高界面迁移体验的参与度？

DP和DO都是对用户、业务或产品中已存在的问题或挑战的回应，所不同的是：DP催生了"优秀的体验应该是怎样的"这个问题的答案，进而产生了解决方案，用户希望他们能够参与其中；DO则是构建出了"优秀的体验还能是怎样的"这个问题的答案，进而产生了解决方案。虽然解决方案是超出用户预期的，但依然在设计团队或组织当前的能力范围之内，因此往往会促使团队或者组织的设计能力稳步提升。

1　通过设计让用户自己想到要去执行某个行为、某个动作，而不是要求、呼吁用户去做。例如，提示用户去点击的按钮、文本或图片。——译者注

小贴士

通常，每当你识别出10个DP时，你应该尝试识别出1个需要关注的DO。

4. 在制定解决方案之前，对所有的DP和DO进行优先级排序

创意来自源源不断的想法。所以你需要使用头脑风暴的方法构思出尽可能多的DP和DO。

为你已识别出的DP和DO设定优先级。这样，你就可以发现，你首先应该解决哪些问题，并为它们设计解决方案。有很多方法可以支持你做到这一点，包括"影响力–频率"2×2优先级矩阵，以及"影响力–可行性" 2×2优先级矩阵（参见下图）。

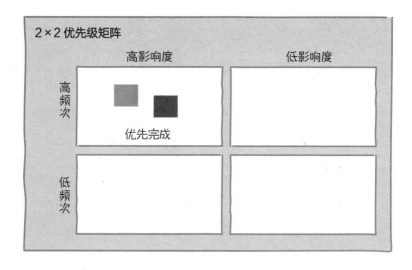

在确定好优先顺序后，你需要把所有重点突出、排名靠前的DP和DO列入一个列表之中，此表用以追踪所有待解决的用户、业务或产品问题。

5. 持续合作和移交

识别出正确的DP和DO之后，下一步将要做什么？下一步的行动将会根

据DP和DO的级别（UI级别、PX级别、XT级别）、范围（如问题或机会有多大体量）、总体目标，以及组织当前的能力等因素而有所不同。

保持每一个DP和DO的可追溯性（参见本书第40章："详细设计"）将有助于督导团队一直致力于解决问题。所以，需要记录所有解决方案的来源、变更历史、最终状态及其功效。

通常，优先级排名较高的DP和DO会被交给设计团队，作为产品团队和工程团队的协作任务展开设计工作的输入。

对DO的DP的有效应用还包括以下场景：

- **完全不受限的头脑风暴**：使用DO重新设想如何开发产品（例如，如果系统不存在那该怎么办？），然后重新想象并展望产品的未来状态（第20章："体验的愿景"）。

- **生态系统映射**：如果DP或DO需要多个部门汇聚在一起，那么绘制一幅跨部门的生态系统图（第18章："体验的生态系统"）。

- **工作流改进**：如果用户体验不佳是由现存的工作流不尽如人意而导致的，那就找出如何优化工作流的解决方案（第39章："工作流设计"）。

- **设计工作本身**：如果优先级排名靠前的DP和DO已经可以作为下一阶段设计过程的输入，那么就将它们交给设计团队。设计团队会使用DO和DP开始构思、构建设计解决方案。

- **验证性的用户调研活动**：如果针对DP已经开发出解决方案，那就要及时验证其影响。验证性的用户调研活动用于确认解决方案在真实的使用环境下是否真正解决了真实用户的问题。

额外奉送的内容

激发DP和DO的思维灵感

只有当设计师的工作紧紧围绕DP和DO时，他们才能对手头的问题建立更深层次的认知。这是触发思维灵感的最佳时机，此时大量的灵感可以源源不断地迸发出来。具体来说，收集下列三个级别的信息并汇总起来，你就可以构建出一个卓有成效的解决方案：

- **第1级：直接灵感**

这一级别的灵感来自同行在类似情况下开发出的解决方案。

例如，如果一支电子商务产品团队受到这个问题的困扰："我们如何与用户建立信任？"他们大可以从亚马逊、Etsy和Shopify等行业翘楚那里寻求第1级灵感。

- **第2级：跨行业灵感**

第2级别的灵感源于你所在的领域或行业之外的组织，他们的团队在解决类似问题时所采用的解决方案。

仍以上面那支电子商务产品团队为例，他们可以研究金融科技领域或者健康科技领域内的相似案例，研究如何与用户建立信任。

- **第3级：概念灵感**

这一级别的灵感不太可能来自已存在的传统做法。概念层面的灵感可以来自任何领域内的图片、动作、人类行为以及客观现实。为了能够激发这一级别的灵感，你需要时刻保持对手头问题的清晰认知。但是，请注意：概念灵感可能会导致变革性的成果，也可能会导致混乱。

仍以上面那支电子商务产品团队为例，他们可以考虑医生如何与病患之间建立信任；或者在发生人质劫持质事件时，谈判专家如何与劫匪之间建立信任。

逸闻轶事：推动移动设备革命的DP和DO

时间回到21世纪初。当时，RIM（Research In Motion）公司致力于改进QWERTY键盘，他们想方设法，想要解决类似 "我们如何让键盘更高效地打字"这样的问题。索尼公司则致力于在保持价格不变的前提下如何提升摄像头的品质，他们想方设法，想要解决类似 "我们如何帮助我们的客户拍摄出令人叹为观止的照片"这样的问题。RIM和索尼优先考虑的都是DP，他们的工作重心都聚焦于改进已经发布的技术。

与他们的做法截然相反，苹果公司的史蒂夫·乔布斯则独辟蹊径。他格外看重一系列崭露头角的新兴技术的发展趋势，借此发掘出一个与以往迥然不同的DO——他见证了iPod的巨大成功，见识了人们对于"随时随地听音乐"的狂热。他还注意到，人们渴望使用移动设备做更多的事情，而不仅仅局限于打电话、浏览网页、查看电子邮件、交换即时消息和拍照。但是，受限于当时的产品，要想实现这一目标，人们不得不同时使用多个设备。

与抱残守缺、总是试图对现有技术小修小改的同行们不同，乔布斯专注于解决用户问题，即"如果用户可以在一台设备上完成所有操作，那会怎么样？"。这为苹果公司开启了一个前所未有的设计机会。2007年，苹果公司发布的iPhone掀起了移动设备革命。这一切都始于用户洞察和一个挑战现状、重构生态的问题。

如何最大限度地发挥本章内容的价值

- 始终坚持将DP和DO追溯到初始的业务或用户洞察。
- 对所有未优先考虑的DP和DO实施统一的管理（第29章："有效管理

和应用调研成果"）。这可以防止信息流失，尤其是当关键团队成员
离开时。

- 设计师在展示他们的设计时，应该始终关注"设计要解决的问题是否
  是正确"，即首先要确定问题，然后才展示设计。这将确保团队专注
  于问题本身，而不会被设计分散注意力，而且还能够让设计师引导对
  话从而得出神奇的解决方案。

- 注意：用户问题和洞察贯穿于整个产品旅程，而不仅仅在用户调研、
  访谈干系人等这些大家都习以为常的阶段。

本章总结

　　突破性的创新和设计都始于提出正确的问题。正确的问题来自洞
察和正确构建的DP和DO，它们促进了跨团队的协作和创新性思考。不
要低估"提出正确的问题"和"正确地陈述问题"的力量，这些比解
决方案本身更为重要。

相关章节

第29章 有效管理和应用调研成果

第35章

产品体验策划
——如何确保提供出色的产品体验?

产品体验策划是一个不可或缺的导航工具,它引导体验设计师完成从对产品、业务和用户意图的全面理解,到准备好交付给工程团队的最终设计的全过程。

在制订计划时,为了与干系人取得一致而投入的时间和精力将在未来获得丰厚的回报。由此而生成的产品体验策划对于你的公司来说是一个功效强大的风险缓解工具,确保你的产品能够按时且在预算范围内发布。

你为什么需要阅读本章?

本章内容将帮助你的企业:

- 制订行动计划,确保每个人都可以跟踪计划中列明的行动项,借此促进跨职能沟通与协作。
- 厘清"为什么开展某些活动",列明"将要取得怎样的成果",拒绝模糊不清。
- 列明调研与设计过程中的所有重要步骤,保障产品按时按预算交付。
- 明确定义流程,减少流程混乱,提高团队生产力。

做好产品体验策划,谁是关键角色?

角色	谁会参与其中	职责
驱动者	体验战略规划者	• 发现并规定调研团队和设计团队里有关产品体验和用户体验的所有活动 • 确保整个组织都与计划保持一致 • 负责交付产品体验
贡献者	用户体验设计人员 其他参与体验设计的人员	• 提交个人计划,完成各项任务 • 自觉对齐计划,保障各项活动的可视性

"产品体验策划" 的注意力画布

与最终结果对齐

→ 你的设计目的是什么？为什么？

→ 你的用户是谁？设计工作将重点关注哪些高级别优先级的产品体验要求？

→ 你想要解决哪些关于用户、业务或产品方面的问题？

产品体验设计包含哪些活动

用户调研活动

→ 本次用户调研活动想要解决哪些问题？

→ 本次用户调研活动将采用哪种调研方法？

→ 本次用户调研活动将包含哪些任务项？

设计活动

→ 本次设计将解决哪些问题？

→ 你将会实施哪些探索性的设计活动？

→ 你还会实施哪些设计活动？

协作

→ 你将与谁协作？

→ 为了交付卓越的体验，你还会与哪些团队协作？

→ 具体的协作活动有哪些？

策划的内容

→ 本次体验设计整体上的进度安排是怎样的？

→ 上述这些活动的顺序是怎样的？

→ 将规划哪些重要的时间点与里程碑？

督导

→ 如何督导计划的实施？

怎样实施

为了制订有效的产品体验策划，你需要注意：

1. 与最终结果对齐

产品体验策划其实属于项目管理范畴，由体验战略规划者在产品创意阶段（也就是所有的设计活动开始之前）开发、管理和维护。在花时间制订计划之前，必须清楚地了解你的目标，清晰回答以下问题：

- 你的用户是谁？设计工作将重点关注哪些高级别优先级的产品体验要求？
- 设计的目的是什么？为什么？
- 我想解决哪些关于用户、业务或产品方面的问题？

可视化最终结果。在通常情况下，你的目标应该是达成某个愿景、解决用户当前遇到的某些痛点，或者通过你的产品增强某一方面的用户体验。对你想要达成的目标，你需要清楚地表达并时刻保持对齐。

2. 体验设计包含哪些活动？

用户调研活动必须切实有效地纳入计划之中，以确保相关用户问题得到解决，降低为这些问题设计无效解决方案的风险。用户调研的方法有很多（参见本书第25章："挑选用户调研的方法"），选择最符合你预期成果的方法。根据所选方法，将下列调研活动纳入产品体验策划之中：

- **调研计划**：列出所有的用户调研活动、材料设备要求、时间表和参与其中的团队成员。
- **招募参试者**：确定合适的参试者，并创建出相关的筛选问题。
- **研究性调研活动**：为实现你的调研目标而设计针对实际用户的调研活动。
- **归纳总结调研成果**：分析所有类型的用户数据，并将其整合为指导后续行动的洞见。
- **展示成果**：注意突出调研成果和相关建议。

💡 **小贴士**

不要忽视任何协作性的活动，获得干系人的认可、让干系人签字确认、获得他们的反馈，这些活动与用户调研活动、产品设计活动一样意义非凡。

在高效的调研机构中，用户调研通常都是一项持续3~5周的主动调研活动。但是，在以下两种情况中，你可能还需要额外的时间（额外的预算）来延长用户调研：

- 招募形成性调研需要的参试者的时间通常要比预期的长得多，所以你需要计划额外的3~4周时间来招募和筛选调研参试者。

- 如果你正在进行的调研涉及需要展示给参试者某种或某些交付件，那么你也需要计划额外的3~4天来准备和封装这些交付件。

设计活动通常包括问题识别和陈述、概念生成、构思、原型、验证、移交和质量保证活动。

你应该考虑将下列设计活动纳入你的产品体验策划之中：

- **发现探索**：概述问题空间、结果、范围、时间线和关键经验教训，为下一步行动提供足够的证据。如果你不了解产品、业务或问题空间，请将此活动列入你的计划中。

- **构思**：通过协作互动的方式收集灵感并萌生创意，标定设计要解决的问题和设计要抓住的机会，为它们建立详细而又明确的陈述。这是一项关键活动，因为这可以使你厘清问题，能够以专注一致的方式开始设计过程（参见本书第34章："设计要解决的问题，设计要抓住的机会"）。

- **工作流、线框图和迭代设计**：概述潜在用户的路径，创建用以标识网站或应用程序框架的视觉指南，基于用户反馈展开迭代设计过程。要确保项目的预算至少可以完成三轮迭代——第一轮用于初稿，第二轮用于用户使用后的调研和验证，最后一轮用于最终批准。

- **内容和视觉设计**：指定产品体验中的视觉风格和副本的细节。
- **原型**：将拟议中的解决方案转换为用于测试设计的交互式模型。
- **验证**：与干系人一起评审最终稿的原型，以确保拟议中的解决方案可以实现总体业务目标，满足用户需求。
- **移交**：将设计成果移交给负责团队，并附上详细的文档资料以及使用说明书。
- **质量保证**：与用户一起评估已交付的产品设计的可用性，以便在将其发布到市场之前识别潜在的问题与挑战。

计划里列明的进度表将根据项目范围和团队资源的可用性而调整。因此，你的实施路线图也要适时调整。

通常，端到端的设计需要18周，如果你计划还要执行一次总结性测试，则需要增加到22周。

> ❝划重点："设计不仅仅需要关注外观和感官。设计更应该关注产品的工作方式。"
> ——史蒂夫·乔布斯

✍ 示例

以下是细分到每项活动时通常需要的时间：

- **发现探索和构思**：1~3周。
- **工作流、线框图、迭代设计**：8周。
- **内容和视觉设计**：3周。
- **原型**：3周。
- **验证**：4周（用5~8名参试者进行测试）。
- **移交和质量保证**：1周。

最后，协作是体验设计的关键。制订计划时所需的协作活动常常被忽视，这导致在计划过程中产生巨大的混乱。下列不同类型的协作活动需要来自业务、设计、产品和工程团队的不同干系人齐心协力、并肩完成：

- **定义并对齐问题**：充分考虑到整个组织中存在的不同观点，精准定义待解决的问题有哪些。将关于问题的陈述、期待的结果和达成目标的方法三者之间有机地关联起来。
- **创意**：创意可以在整个设计周期中的任何阶段产生。如果将来自不同部门的干系人聚集在一起，能够从多个角度萌生创意。
- **验证**：关键性决策（例如，用户调研目标、业务目标），以及关键性的交付件（例如，用户调研成果、用户需求），都需要各个部门签署同意。
- **评审**：提供反馈并确保设计结果与原始用户的需要、业务目标以及产品的设计意图保持一致。
- **移交**：将关键的可交付成果、洞见和定义完整清晰的文档全部移交给下一个团队。

上述协作活动通常需要2周左右才能完成。所以，你需要在产品体验策划中明确定义上述活动。

💡 小贴士

召开一次启动会议，将所有关键干系人都召集在一起，这是确保协作活动协调一致的最佳做法之一。

3. 策划和记录你的活动

在确定了产品体验策划中需要列明的各项活动之后，制订一个为期3个月的前瞻性计划（在必要时该计划可以被随时调整，以适应敏捷软件开发过程或基于其他模型的开发方法）。

计划中需要包含下列关键要素：

- **排序**：充分考虑活动与活动之间的依赖关系，安排活动的顺序。每项活动（及其子活动）交错进行，每项活动的成果对下一项活动都是可知的，这将帮助你免遭重大障碍。

- **时间表**：定义每项活动的持续时间，将其分组，以使这份前瞻性计划易于管理和实现。确保所有干系人都对这些期限做出承诺，否则计划一定会失败，项目一定会延迟。

- **里程碑**：指出关键的里程碑和检查点，如评审、验证、移交、责任检查与确认工作，这将保障产品体验的实现过程井然有序、无缝衔接。

小贴士

为了应对可能出现的意外，你应始终制订一份B计划，这样，在项目发生意外延迟时，你可以有备无患。

4. 在计划执行过程中建立适当的治理机制

为确保各项活动按照计划有条不紊地开展，需要建立必要的监督机制，即治理。体验战略规划者负责监督计划的执行情况，可采用每周站立会议、每月计划跟踪会议等活动与关键干系人定期同步项目的进展情况，确保每个人都能清楚地了解计划的进展状况，并主动沟通潜在的障碍，以便有充足的时间来应对风险。

逸闻轶事：理想还得付诸行动

我们一个客户的首席执行官与她的高管团队分享了一个大胆的新愿景："我们将致力于成为一家以客户为中心的组织。"公司的每个人都对这个愿景感到激动不已，产品团队随即开始认真重新设计现有产品。

遗憾的是，没有人清晰定义设计路线图，也没有人主动将所有的调研、设计与协作活动都填充到路线图中。因此，当刚开始用户调研活动时，他们就遇到了难以招募参试者的困难，仅此一项就使计划延迟4周。

此外，没有人主动将产品或工程结果对齐到最初定义的问题，也没有就此召开协调对话活动。因此，当设计开始时，产品团队领导和工程团队领导惊讶地发现，他们对应该优先解决哪些问题有着截然不同的看法。

诸如此类的"惊喜"源源不断地袭来，导致了严重的混乱。最终，他们的产品比原定日期推迟了6个月才发布，在设计和开发方面的返工活动造成了大约250000美元的损失。这个故事告诉我们：如果一开始就制订一个严谨有效的产品体验策划，将各个步骤都考虑在内，明显可以杜绝这些损失。

如何最大限度地发挥本章内容的价值

- 培育出共同的愿景。这将帮助团队专注于共同的目标，齐心协力实现这些目标。
- 提早规划。避免到后面手忙脚乱。
- 始终保有一个应急计划。

- 添加缓冲。为某些活动（例如，用户调研活动）预算留出额外的时间，主动保障计划不因延误而失控。
- 建立检查与平衡机制。定期评审该计划，并且根据计划的执行情况对其进行必要且适当的调整。
- 认真对待设计移交活动和质量保证活动。它们都是计划的关键组成部分，如果你没有花时间做好这些活动，将对下游团队产生重大的不利影响（例如，产品发布延迟、返工）。

本章总结

产品体验策划属于项目管理范畴，它能使你纵览全局，让你对所有为实现预期目标而需关注的细节都洞若观火。如果没有策划，所有的操作就像在黑暗中投掷飞镖，你唯一能做的大概就是祈祷好运降临。

相关章节

第25章 挑选用户调研的方法

第34章 设计要解决的问题，设计要抓住的机会

第36章

跨职能协作
——如何通过组织内的协作，推动产品体验设计的无缝对接？

正如管理大师肯·布兰查德（Ken Blanchard）[1]所指出的："我们中没有人能够比我们所有人加起来更聪明。"遗憾的是，许多团队都是在孤岛中运作，各团队之间并不能以同心协力解决问题的方式为体验设计提供支援。本章能够帮助你消除这些孤岛，确保合适的内部合作伙伴在合适的时间以合适的方式分享合适的知识、流程、可交付成果和视觉成果。消除这些孤岛将减少返工，提高生产率，最终能够确保你做出正确的决策以实现体验设计的目标。

你为什么需要阅读本章？

本章内容将帮助你的企业：

- 消除信息孤岛，促进沟通协作。
- 明确参与产品体验设计过程的各支团队的角色和职责，明确各自的交付件。
- 更好地管理彼此之间的依赖关系与期望。
- 减少跨职能团队的挫折与失败。
- 提高一致性和生产率，更快速地达成业务成果。

1　美国著名的商业领袖，肯·布兰查德公司创始人，曾荣获国际管理顾问麦克·菲利奖，代表著作有《一分钟经理人》《道德管理的力量》《情境领导》等。——译者注

"跨职能协作"的注意力画布

体验的愿景
→ 在你的愿景中，未来的用户体验应该是怎样的？为了达成这样的愿景，你还需要做些什么？

对用户和业务环境的共同理解
→ 谁是用户？
→ 有关体验的愿景是怎样的？
→ 所有团队应该团结起来争取达成怎样的业绩？
→ 如何设置体验的指标？

共享的活动
→ 哪些活动项需要多个团队向其提供输入？

相关合作伙伴
→ 哪些设计人员和角色需要当作是合作伙伴？
→ 在多大程度上他们需要介入到体验设计活动中？是"知会"还是"参与"？

共享的流程
→ 哪些流程需要多个团队共同参与？

共享的数据仓库
→ 在哪里可以访问到共享的工作产品？
→ 如何访问这些共享的工作产品？

在跨职能协作中，谁是关键角色？

角色	谁会参与其中	职责
驱动者	体验战略规划者	• 协调整个组织内的协作
贡献者	产品经理、体验设计师、工程团队负责人和其他业务部门（销售、市场营销、客户支持等）的同行从业者	• 为解决问题提供必要的输入，例如，专业知识与个人观点 • 参加跨职能研讨会与工作坊 • 按需提交交付件

怎样实施

为了能够在跨职能协作方面取得事半功倍的效果，你需要注意：

1. 体验的愿景

体验的愿景始终都是为体验设计提供导航的北极星。它涵盖了对用户的理解、对业务目标的领悟以及对竞争对手的洞悉（参见本书第20章："体验的愿景"）。

小贴士

尽量将参与用户体验旅程但可能游离于组织之外的合作伙伴都纳入协作的范畴之内，例如，渠道合作伙伴、系统集成商，以便尽可能实现更广阔范围内的一致性。

2. 相关合作伙伴

最近的研究表明，横向的关联关系实际上更重要。这就是为什么用户体验设计不仅仅包括产品接触点，与设计团队平行的同行从业者也需要参与其中。

确定需要在产品和用户目标上保持一致的各个部门的同行，以及将为实现这些目标而对流程和活动投入精力的同行。

至少，产品经理、工程团队负责人和体验设计师必须通力合作。这个核心团队应该以规律性的节奏来分享知识和提供反馈。

实际上，来自更广泛的职能部门（例如，销售、营销、客户支持等各职能部门）以及首席执行官、高层领导和董事会成员的管理者，其他合作者、影响者和支持者都参与协作的时候，真正的价值才会被激发出来。因此，要与这个更广泛的职能团队建立定期会晤的工作机制。

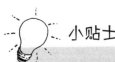

小贴士

阅读"敏捷宣言背后的原则"，成为更优秀的合作者。

3. 对用户和业务环境的共同理解

要实现植根于为用户和企业创造价值的产品创新，请确保你的合作伙伴对以下内容有共同的理解：

- 你的用户是谁（参见本书第14章："用户同理心"）。
- 体验的愿景是什么（参见本书第20章："体验的愿景"）。
- 你的体验指标是什么（参见本书第28章："体验设计的指标"）。
- 用户和业务目标是什么（参见本书第33章："体验设计摘要"）。

在"用户至上"的理念驱动之下，组织在授权内部团队做出任何有关产品的决策之前，都会精心策划如何建立和传播对用户的透彻理解，如何建立和传播对用户的深刻同理心。彻底从观念上实现这样的转变：

- （以财务部门为例）从"用户如何影响我"转变为"我应该做些什么以实现为用户创造更有价值的体验"。

所有的合作伙伴都应该对这个问题对答如流，并在自己的团队中分享有关用户和愿景的认知，传播有关目标和指标的信息。

4. 共享的流程

想要开发设计出优秀的端到端的产品体验，请确定合作伙伴需要参与哪些流程以确保对各种信息有透彻、精准的理解与认知。

这些过程包括：

- **协作策划**：创建产品体验策划，将有关体验的愿景付诸实践（参见本书第35章："产品体验策划"）。确保产品团队、用户体验设计团队与工程团队之间无缝的协作。识别所有能够保障项目活动正常进行，项目成果有效达成的驱动因素。

以敏捷软件开发为例，它要求跨职能团队采取迭代的方法，在构建"冲刺"的活动中充分协作，并在一个限定的时间段内完成确定量的工作。

- **大范围沟通**：建立一至数个沟通渠道，无论是核心团队成员还是扩展团队成员都可以参与进来沟通和分享信息。例如，核心团队可能有一个专门的即时通信渠道来处理日常问题、更新信息，扩展团队可能会使用电子邮件进行交流。

- **反馈**：确定如何在产品开发过程的各个阶段从各部门或团队那里获取反馈信息。收集反馈的渠道包括：设计评审会议、各方对交付件的评价，以及JIRA[1]工具上的标签。

- **批准**：确定如何获取与跟踪批准人的签字，以及如何在不同的团队之间传达签字信息。例如，可以在看板上移动某个任务项的状态或者更改标签的状态来跟踪批准活动。

5. 共享活动

在设计和开发过程中，会完成许多活动的定义与策划工作。对于有些活动而言，有来自各部门或团队的代表参与其中是至关重要的。此举有利于打破信息孤岛，在恰当的时机获得专业性的信息。这些活动包括：

- 新项目启动、冲刺、进行阶段的会议。

- 设计评审，可以从产品管理团队、工程团队、主题专家以及其他更广

1　JIRA是Atlassian公司出品的项目与事务跟踪工具，被广泛应用于缺陷跟踪、客户服务、需求收集、流程审批、任务跟踪、项目跟踪和敏捷管理等工作领域。——译者注

泛的团队成员处获得反馈。

- 创意研讨会，可以卓有成效地收集创意，避免坐井观天。

- 将设计方案移交给开发团队（参见本书第42章："设计体系"）。

- 宣布用户调研成果，在组织内广泛分享通过用户调研获得的洞见，以在组织内建立起广泛的用户同理心。

- 跨职能团队参加的回顾会议，让来自不同维度的团队一起评审并纠正错误。

- 针对设计的质量保证活动，根据已交付的设计规格说明书来检查工程构建是否正确（参见第43章："用户体验设计的质量保证活动"）。

任命"驱动者"的角色，由他或她以审慎的方式跟踪所有共享活动。谁是驱动者、驱动者使用怎样的跟踪方式，这些内容需要定义在产品体验策划中（第35章："产品体验策划"）。

只有所有相关团队都积极参与到产品体验设计过程，才是真正的合作。核心团队成员以互帮互助的方式积极参与设计过程，而不仅仅是听取传达。所有的信息都应该被有效关注，而不仅仅是传阅。所谓"真正的合作"只有在满足以下先决条件时才会变为现实：

- 使用共同的语言沟通。

- 每个人都为了共同的愿景和最终目标而紧密地团结起来。

- 来自多部门、多角度的知识被有效融入可交付成果或工作产品中。

- 最终结果没有让任何人感到意外。

6. 有效管理的、共享的数据仓库

最后，所有合作伙伴都必须能够访问共享的工作产品，包括但不限于用户调研成果、用户需求、产品路线图、设计交付件、会议记录和过程文档。

为了有效存储和分享这些信息，需要建立和维护一个数据仓库，确保每个人都了解如何访问它。每周还要留出几分钟时间用来更新数据仓库。

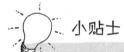

将能够有效体现用户角色、体验的愿景和产品路线图之类的成果交付件打印出来，把它们张贴在办公室四周。这样，团队成员可以随时看到所有的交付件，不会将它们随意丢弃在某个犄角旮旯里（回头找不到的时候又心急火燎）。

挑选一个允许进行协同工作且带有注释功能的知识库工具。

逸闻轶事：重塑协作共创的工作环境

我们与一家历来崇尚"工程第一"的公司合作，将他们的工程活动与敏捷开发过程映射到更为广泛的产品设计过程中。为了提升产品管理活动的可视化程度，也为了提升工程活动的可视化程度，我们首先罗列出了需要推进协作的各种活动，并且从产品设计角度出发，评估何时需要参与协作互动，需要投入多少工作量，这正是该公司一直缺乏的机制。简而言之，我们需要激发出每个人都想参与创造世界级体验过程的意愿。

这项工作随后就取得了令人刮目相看的成果：不同部门通力合作创造出某个体验的愿景。对此贡献创意的人员不仅仅来自体验设计团队，工程团队和销售团队的成员也开始参与其中。在我们创造的这个深度协作的环境里，无论每位成员的头衔如何，他们都自觉地投入到设计过程中。

此外，每个季度我们都会召开由所有合作伙伴和新员工参加的会议，讨论如何改进团队协作模式。

如何最大限度地发挥本章内容的价值

- 从每个部门中寻找合作者作为你的联络人，以便从他们的部门中寻求同行者。

- 建立相互问责的机制。不要为了赶时间而偷工减料，从长远来看，这只会造成混乱。必须让合适的人员参与到共享的过程和活动中来。

本章总结

跨职能协作绝不仅仅意味着把跨职能的干系人召集到一个房间里召开一次会议，这只是被动地参与。协作意味着：团队之间围绕共同目标团结一致，合作进取；分享知识，分享创意，分享工作产品；积极主动地从其他团队那里获得有益的反馈；邀请其他团队一起改善自己的流程；保证各个团队都在产品体验设计过程中拥有同等的可视性。跨职能协作并非可有可无，它能够减少混乱、降低失败概率。如果你想在整个设计过程中都能做出明智的决策，都能有效开展体验设计活动，跨职能协作至关重要。

俗话说得好："如果你想走得快，那就孤身前行；如果你想走得远，那就结伴上路。"

相关章节

第14章 用户同理心　第19章 体验路线图　第20章 体验的愿景

第35章 产品体验策划　第42章 设计体系

第43章 用户体验设计的质量保证活动

第37章

产品思维规划
——如何打造卓越的产品体验?

"产品思维规划"这一章将为你构建出这样一个框架:为了创造出具有变革意义的体验,组织内部的哪些部门或团队需要投入其中?他们之间的优先级排序是怎样的?以及,如何促使他们投入其中。产品思维规划可以帮助组织做到"大处着眼,小处着手"——既能够促使组织迈向更为远大的体验愿景,又能够帮助组织关注细节,关注各种限定性约束条件,关注产品周边,从而制定出完善的衡量标准。

你为什么需要阅读本章?

本章内容将帮助你的企业:

- 以用户为中心,推动业务增值。
- 将大家的关注焦点从表面的功能和UI级别上成功地转移出来。
- 协调多个部门、多支团队统一行动,为产品创造出一致的体验。
- 坚守愿景,为了达成愿景而竭尽全力解决各种问题,抓住各种机会。

做好产品思维规划,谁是关键角色?

角色	谁会参与其中	职责
驱动者	体验战略规划者	• 在组织内推动"以体验为中心"的思维模式 • 管理产品的愿景与产品的体验,努力促成二者协调一致 • 确保在关注产品整体体验(而不是局部的某一个点)的基础上,找到有关设计问题与机会的解决方案 • 保持整个组织内的一致性

续表

角色	谁会参与其中	职责
贡献者	体验设计师 参与体验设计的其他设计人员	• 支持达成愿景 • 与整个组织内其他团队通力合作 • 上报衡量数据

怎样实施

为了能够在构建产品思维规划方面取得事半功倍的效果，你需要注意：

1. 凡事预则立，不预则废——精心策划问题组合

要想打造卓越的体验，要想为用户和公司创造价值，你需要解决层出不穷的DP，以实现体验的愿景里设定的短期、中期和长期目标（参见第20章："体验的愿景"）。除此之外，你还需要识别出一组关键的DO，以实现预期的愿景。

按照一定的先后顺序排列的DP和DO的组合被称为"问题组合"。想要让一组投资组合稳健运行，你应该持续监控和跟踪组合内的各项投资。同理，你也应该持续监控和跟踪"问题组合"中对不同的DO和DP所投入的资源。

小贴士

你陈述问题的方式将会直接影响你解决问题的方法（参见第34章："设计要解决的问题，设计要抓住的机会"）。

2. 闻鼙鼓而思良将——找到合适的人员

在为你的产品思维规划招募人员时，请考虑以下人员：

• **项目驱动者**：组织需要一个对项目负全责的责任人，他最好是一位体验战略规划者。这将有助于对问题组合开展一致的监控活动和协作活动。

"产品思维规划" 的注意力画布

精心策划问题组合

→ 哪些用户需要你为其解决问题?

→ 哪些用户或者业务上的问题 (DP/DO) 是需要你解决的?

→ 你需要着力解决的短期问题、中期问题和长期问题分别是什么?

找到合适的人员

→ 谁来担任产品思维规划项目的领导者?

→ 你的团队需要重点培养哪些技能?

→ 你还需要来自其他团队的支持?

站在体验生态系统的高度上思考问题

→ 有关产品体验的所有关键点都是如何联系起来的?

→ 在系统中, 用户将与哪些其他用户交互?

→ 为了交付卓越的体验, 还需要哪些技术支持?

→ 为了交付卓越的体验, 还需要得到哪些部门的支持?

→ 为了交付卓越的体验, 还需要哪些外部力量的介入?

分享与协作

→ 为了支付卓越的用户体验, 你需要与哪些团队通力合作?

→ 你们之间是如何沟通与调动的?

→ 你们之间的沟通频率如何?

卓有成效的产品策划

→ 你将怎样管理你的产品路线图?

→ 你将怎样定位你的需要?

建立有效的管控体系

→ 如何从业务影响的角度来衡量设计的有效性?

→ 为了保持团队目标一致、行动一致, 你需要制订和运用哪些流程?

→ 如何推动持续的创新活动?

- **项目合作伙伴**：确保你有足够的时间投入到协调设计负责人、设计师及其合作伙伴（特别是产品经理与工程经理）之间的战略性合作中，因为此项工作需要你持续不断地就工作优先级排序、平衡资源、规划任务和限制性的管理措施展开沟通与对话。

3. 胸中自有沟壑——站在体验的生态系统的高度上思考问题

产品的体验是建立在一个庞大的系统之内的。所以，一定要站在系统的层面上去关注它，永远不要忽视每一项可能直接或间接影响到产品体验的因素。

这些影响因素可能包括：

- 哪些产品周边可能影响到你的用户的体验？
- 哪些内部团队需要参与其中？
- 还需要关注哪些外部合作伙伴？
- 哪些技术需要整合在一起协同工作以完善整体功能特性？

仔细思考一下，如何在达成某一项产品体验时将上述各项要素有机地整合在一起。

必须确保在整个产品研发组织中，积极地策划和跟踪体验路线图（参见第19章："体验路线图"）、体验的生态系统（参见第18章："体验的生态系统"）和用户体验的标杆（参见第32章："用户体验的标杆"），借此帮助组织全面扩展对系统的理解，也只有这样才能将上述各个要素整合起来，打造出与众不同的产品体验。

4. 空谷传声，立竿见影——卓有成效的产品策划

确保制订清晰可行的计划，持续调整和确认围绕产品体验的各个关键事项与活动的优先级，时刻保持计划的及时性。

- **路线图**：使用问题组合来理解你需要跨部门协调与解决的问题、需要达成的结果，以确定能够协助你解决这些问题的各个团队之间的工作

顺序（参见第35章："产品体验策划"和第36章："跨职能协作"）。

- **需求**：确保你与产品经理积极合作，以有效管理产品待办事项列表——这份文档能够帮助每位成员对需要构建的内容和期待实现的结果了如指掌。

使用产品待办事项列表可以确保你和你的团队既能够掌控全局，又不会放过每一个细节。你需要经常交叉对照检查它们，以保持两者之间的同步对齐，从而达成愿景。

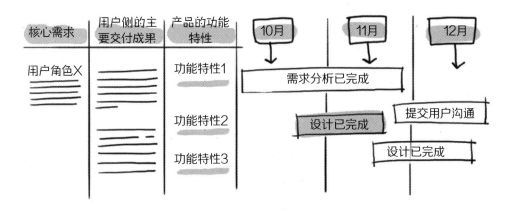

5. 独乐乐不如众乐乐——经常性的分享与协作

为了实现卓有成效的跨职能协作，请确保所有的文档和资源对于其他团队而言都是开放的（参见第36章："跨职能协作"）。与来自其他团队的同事精诚合作，确定共享工作成果和提供有效意见与建议的频率与方式，确保所有团队的努力付出都与愿景保持对齐。

小贴士

每月举办一次"演示"活动，每个团队都可以展示他们正在从事的工作，并以此作为其他团队可以提问和提供反馈意见的机会。

6. 令行禁止——建立有效的管控体系

为了确保产品思维规划不断获得成功，需要持续跟踪该项活动的以下几个关键要素：

- **影响体验的因素**：你需要为体验设计及其对业务的贡献度定义相关衡量项（参见第28章："体验设计的指标"），然后在整个组织内以及每个团队内收集并衡量相关数据。这样，团队既能够跟踪每一位成员的贡献，也能够可视化监控影响愿景达成的重大因素。

- **团队之间的分工与协作**：参考第33章"体验设计摘要"的相关内容，参照DACI的标准，确切定义参与协作的各方的角色与职责。这样不仅可以做到责任清晰，还能简化决策过程。

- **持续创新**：定期回顾你的问题组合，评估你是否已成功地解决了大量问题，以及是否还有大量新问题涌现出来。与推动用户调研规划的团队合作（第30章："用户调研规划"），确保你已经有效解决了当前的问题，并且有效探索了将来要解决的问题。

逸闻轶事：有效运用产品思维规划，拒绝单调乏味的工作

我们经常遇到这样的情况：一些组织把全部希望都寄托在一位设计师身上，期盼他能够为公司创造出卓越的产品体验。有一家这样的公司，他的设计师非常沮丧，因为他觉得自己所从事的都是一些"单调乏味的工作"（他自己说的），比如增加功能，增强设计。他开始失去继续在该公司工作的动力。

当UXReactor公司与该公司合作的时候，我们的工作内容之一就是向各个团队介绍产品思维规划，其中包括与本书所述的问题组合和产品体验规划相关的内容。这一行动所带来的转变对这位设计师而言是翻天覆地的，因为他现在已经看到了自己要解决的各种设计问题。随后，除了手头上现有的工作，他还自愿领受了一项任务——解决困扰该组织许久的用户登录体验问题。有了制订妥帖的产品体验规划，他还可以围绕短期问题规划自己的探索活动和协作活动。

在短短几个月的时间里，他投入了大量时间来探索如何减少用户登录时的不顺畅现象。这不仅给用户带来了更好的体验，将新用户的流失率降低了30%，而且他的成就让公司管理层更加直观地了解到设计可能产生的影响。在接下来的18个月里，他将设计师团队发展到5人以上，自己也顺利晋升为体验战略规划者。

如何最大限度地发挥本章内容的价值

- 培育对其他团队的同理心。深入了解其他学科的知识将有助于你有效地规划协作活动。

本章总结

产品思维意味着你需要持续不断地思考为用户解决问题的方法，而这只能通过深入了解用户所面临的种种问题和有效协调多部门统一行动来实现。

相关章节

第18章 体验的生态系统　　　　第28章 体验设计的指标

第30章 用户调研规划　　　　　第32章 用户体验的标杆

第34章 设计要解决的问题，设计要抓住的机会

第35章 产品体验策划　　　　　第36章 跨职能协作

体验设计的实践

"化繁为简，成就伟大。"

——唐·德雷柏[1]

---

1 美剧《广告狂人》中的男主人公。——译者注

第38章

体验设计的实践：导言
——在组织中形成卓有成效的"解决方案"节奏

什么是体验设计的实践？

体验设计的实践是一门让体验设计师能够始终如一地为相关设计问题创造出有效解决方案的学科。在这一部分，你将学习如何有效利用人和流程，对症下药，找到行之有效的组织级体验设计解决方案。

体验设计的实践的影响

优秀的设计有利于商业拓展。最明显的结果莫过于用户可以参与到有形的设计解决方案工作之中。这正是用户至上策略在现实的体验设计中的完美体现。

如果能够有条不紊地开展各项设计工作，设计就不再仅仅是设计出一个特定的解决方案。相反，它会在企业内部形成一种全新的解决方案节奏。你的团队将成为一台运转顺畅的机器，各位成员将会习惯于运用系统性思维思考问题，从大处构思，从战略高度参与协作，从而高效地完成任务。

关键概念

在深入阐述体验设计的实践之前，你需要了解以下关键术语和概念：

- **产品思维**：它将帮助你确定你的产品是什么，帮助你识别出你想要解决的关键设计问题。以此为基石，你为产品设计出来的体验才能够真正做到"为正确的用户解决正确的问题"。

- **宏观设计和微观设计**：这二者都会为设计出卓有成效的解决方案发挥不可替代的作用。虽然，此部分内容主要聚焦于具体的设计技术，也就是"微观设计"层面，但你不能因小失大。你需要同时使用这两种类型的设计方法，全面思考有关体验的问题，以及支持达成体验设计目标的体系。（参见第5章中有关"宏观设计与微观设计"的内容）。

内容预告

在这一部分，我们策划了一系列内容，为你能够设计出功能强大、以用户为中心的体验提供了实用方法，旨在帮助你能够顺畅地回答以下问题：

- 如何系统性地构建和优化体验？（第39章："工作流设计"）
- 如何打磨出高效能且高品质的设计？（第40章："详细设计"）
- 如何实施体验设计评审？（第41章："评审体验设计"）

- 如何构建并扩展出具有高度一致性的、高品质的体验设计？（第42章："设计体系"）

- 如何检验工程团队交付的产品是否符合体验设计的要求？（第43章："用户体验设计的质量保证活动"）

- 如何高效地规划体验设计的实践？（第44章："体验设计实践的规划"）

此部分内容将促使你和你的团队利用流程来解决设计问题，真正实现"基于价值的交付"；将促使设计流程更加有效、更加落地且易于管理。

> 划重点："最好的设计不一定是一个物体、一个空间或一个结构；它是一个动态的、自适应的过程。"
>
> ——唐·诺曼[1]

---

[1] 美国国家工程院院士，加利福尼亚大学圣地亚哥分校教授、设计实验室主任，同济大学设计创意学院荣誉教授，苹果公司前副总裁。代表作有《情感设计》《设计心理学》等。——译者注

第39章

工作流设计
——如何系统性地构建和优化体验？

在进行用户体验设计时，大多数设计师和企业都忽视了工作流的价值。他们一头扎进具体的设计之中，结果却遇到了系统在整体连接、相互依赖关系以及设计冗余等方面的问题。本章"工作流设计"将帮助你系统性地思考、构建与优化体验，并通过记录系统中的所有步骤（又称作"接触点"）来确定范围。

你为什么需要阅读本章？

本章内容将帮助你的企业：

- 在确定具体的设计细节之前，先把工作重点放在整个系统上，避免出现"只见树木，不见森林"的现象。
- 对整个系统里的所有接触点都实现可视化。
- 向工程团队准确传达关于工作范围的定义。

做好工作流设计，谁是关键角色？

角色	谁会参与其中	职责
驱动者	交互体验设计师（体验设计师）	• 系统性地思考、构建和优化体验 • 识别体验、问题与输出成果，并定义场景 • 识别各项活动及其所面临的挑战，识别系统间的关联关系和依赖关系 • 框定目标以及设计要解决的问题与设计要抓住的机会 • 思考并提出如何优化工作流的方式，以达成预期的结果 • 向产品经理和工程团队阐明工作流，为每一个界面都添加目标和相关描述

续表

角色	谁会参与其中	职责
贡献者	产品经理	• 规定体验设计需要关注哪些交互 • 评审场景及其成果 • 评审设计要解决的问题与设计要抓住的机会 • 评审工作流的目标、描述与活动 • 签发工作流
	工程团队	• 从工作流中寻找交互 • 从工作流中寻找需要完成的开发工作和集成工作

怎样实施

为了能够在工作流设计方面取得事半功倍的效果，你需要注意：

1. 精心识别情境

在开始设计工作流之前，你需要深入了解你的产品所处的情境，包括**体验的愿景、用户旅程以及设计要解决的问题**，同时也不要忘了**与你的产品有交互的、更为宏观的生态系统**。

只有在细致考虑了情境之后，你才能有效识别设计要去解决的问题、要去实现的预期成果。此后，在发现探索阶段，设计团队才能准确定位到体验设计要针对的场景。

示例

为一所大学设计一个学生门户网站，第一项已经识别出的关键体验就是支付体验，即学生在支付学费时产生的交互。这项体验可能包含如下几个场景：学生山姆希望在最后期限之前通过大学门户网站缴清第三个学期的学费。学生约翰则不想一次性付清，他想用信用卡建立按月分期付款的计划。

"工作流设计" 的注意力画布

精心识别情境

→ 该产品的体验愿景是什么?

→ 你需要着力解决的问题(包括用户问题、业务问题与产品问题)有哪些?

→ 你想要达成的预期成果(业务绩效)是什么?

→ 为了达成上述目标,需要交付怎样的体验?

→ 这些体验各包含哪些场景?

→ 在生态级别,最高层级的关联关系有哪些?

映射关系

→ 为了达成某一个场景的既定效果,用户需要完成哪些活动?

→ 在用户完成上述活动的过程中,你认为他们都面临哪些挑战、经历哪些痛点?

→ 在用户层级、系统层级以及数据层级,分别需要建立和维护怎样的系统性关联关系?

框定目标

→ 对于每一个步骤:目标是什么?有哪些DP与DO需要纳入考量范围之内?

优化

→ 哪些领域、哪些活动可以被优化?

整合所有场景

→ 从宏观上看,整个系统是怎样的?

→ 整个系统有多少个界面?

→ 详细设计阶段的目标是什么?详细设计阶段需要着力解决的DP和DO有哪些?

一旦确定了所有场景，就需要为各个场景定义它们的运行结果。问问自己："作为一名体验设计师，我希望用户和企业从这个场景中各自获得怎样的结果？"

 示例

> **用户获得的结果**：在三个步骤之内，山姆和约翰都能够顺畅地支付学费。
>
> **企业获得的结果**：大学能够按时、准确地收取到学费。

2. 绘制一幅关系图，将交互活动、潜在挑战、依赖关系等系统性的关联关系都关联起来

在这幅关系图中，除了要罗列出所有已识别出的交互活动，还要列出用户在尝试完成任务时可能面临的所有挑战。例如，山姆可能忘记他的学生证号码；约翰可能不知道在哪里找到他需要查看的学生贷款信息。

 示例

> 例如，山姆必须完成的交互活动：
>
> - 填写学生信息。
> - 填写他的付款信息。
> - 授权并完成学费支付。
> - 领取他的收据。

接下来，需要分别建立和维护用户级别、系统级别和数据级别的系统性关联关系。

 示例

> 一旦山姆在系统里录入他的个人信息，系统就应该在学校的记录中进行验证。学校的记录与学生录入的信息之间存在着系统性的关联关系。

在你定义好各种系统性的关联关系之后，通过定义各个场景的起点和终点来可视化工作流。起点是用户开始数字化体验的地方，终点是他们在成功实现场景后结束体验的地方。按照用户需要完成的线性顺序一项项排列活动项，直到达成他们预期的成果。当你为数字体验设计工作流时，每一个步骤都将在未来演化成系统中的一个界面。

> 划重点："努力工作和聪明地工作有时可能
> 是两码事。"
> ——拜伦·多根

3. 识别构建和优化的途径

现在你已经定义好了工作流，请与其他设计师一起讨论还可以进一步优化的地方，确定在哪些方面可以运用技术手段减少步骤、缩短时间、减小工作量，或者实现其他更出神入化的创新。删除在用户旅程中会导致操作不流畅的活动和步骤，借此来更新工作流。对标竞争对手的产品，进行针对性的测试并了解用户的行为，也可以帮助你思考哪些内容值得优化。

示例

> 开展头脑风暴活动，看看哪些活动或步骤可以自动化，例如，学生在缴付学费后可以自动生成电子邮件通知；系统通过与内部财务援助系统的交互，预先填写好贷款信息。

4. 框定目标、设计要解决的问题与设计要抓住的机会

现在，你已经创建了一个优化后的工作流，请为工作流中的每一个步骤建立并确定需要实现的目标、设计要解决的问题以及设计要抓住的机会（参见第34章："设计要解决的问题，设计要抓住的机会"），这将帮助你达成

整个场景所期待的成果。

 示例

用于获取付款信息的界面：

目标： 从用户那里获取所有相关的付款信息。

DP： 我们如何才能让人们相信，系统一定会保障用户支付信息的安全性？

DO： 如果我们向学生展示"担任校园志愿者工作可以抵扣学费"，会怎么样？

5. 整合所有场景，留待后续详细设计中逐一解决

在为每一个场景都定义好工作流之后，你还需要将所有工作流归拢在一起，从用户或产品的观点出发，创建一个整合的工作流。

在整合工作流的同时，还需要整合目标、DP和DO。最后，统计所有界面的数量（出现多次的界面算一个），记下界面的总数，并按类型（显示屏幕、弹出窗口、错误信息等）细分。

整合工作流的工作可以清晰展现产品的全貌，深刻揭示工作流中所有场景之间的相互依赖性与连接性，也有助于确定工作范围。

与其他设计团队分享这些单独的工作流和整合好的工作流，避免你们在工作上存在偏差，保持一致性。

各个团队能够就工作流达成共识，这通常标志着详细设计过程即将开始。（参见第40章："详细设计"）

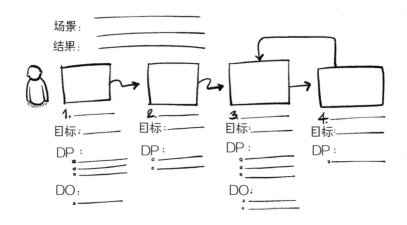

如何最大限度地发挥本章内容的价值

- 为每个场景创建多个工作流（正常的、异常的、可选的）。

- 在设计界面之前一定要先创建工作流，因为工作流可以帮助你更集中精力于用户的意图、用户关注的结果及其行为。否则，你的创造力会被你自己限制住。

- 打印一份整合好的工作流，这份纸质文档将作为后续讨论工作范围的依据，以及你正在设计的整体系统的可视化参考。

本章总结

在详细设计每一个界面之前一定要先考虑整个系统。创建工作流将帮助你系统性地思考如何为用户创造出丰富的、无缝的体验，如何优化体验。它还将帮助你在进行详细设计之前，先行确定设计团队和工程团队的工作范围与所需的工作量。创建完善的工作流最终会在整个产品周期中为你节省大量的时间与精力。

相关章节

第18章 体验的生态系统

第20章 体验的愿景

第33章 体验设计摘要

第34章 设计要解决的问题，设计要抓住的机会

第40章 详细设计

第40章

详细设计
——如何打磨出高效能且高品质的设计？

大多数马拉松运动员都说最后一英里才是最艰难的路程。这一见解同样适用于设计师，在设计实践中，详细设计就是那最后一英里，它决定了用户体验的成败。

"详细设计"这一章将概述在详细设计过程中，为了能够生成可移交给工程团队的设计，你需要经历哪些阶段。本章内容还会告诉你如何在大规模的工程工作开始之前（也就是在大量投入资源之前），如何通过快速迭代的方式测试体验设计，从而打磨出高效能且高品质的设计。

你为什么需要阅读本章？

本章内容将帮助你的企业：

- 迭代设计过程。
- 理解并掌控设计中的不同变量。
- 消除产品功能和内容中的歧义与混乱。
- 向工程团队交付最终版本之前，与最终用户一起测试产品。

做好详细设计，谁是关键角色？

角色	谁会参与其中	职责
驱动者	体验设计师（包括互动体验设计师、视觉体验设计师、内容体验设计师以及用户体验调研人员）	• 识别和解决设计问题 • 快速迭代设计以达成结果 • 记录用户行为，记录交互 • 设计视觉体验原型

续表

角色	谁会参与其中	职责
贡献者	产品经理	• 提供针对设计的反馈意见 • 帮助招募先导用户进行测试 • 签署最终设计 • 在工程阶段启动之后，与工程团队通力合作
	工程团队	• 了解产品的功能和行为 • 确定工程范围和开发工作量
	体验战略规划者	• 跟踪所有关键的设计问题直至其得到解决，确保输出结果能够满足要求

怎样实施

为了能够在详细设计方面取得事半功倍的效果，你需要注意：

1. 精确理解设计意图

在投入时间进行详细设计之前，请花时间了解：

- 详细设计针对的用户是谁，他们跟产品都有哪些交互的场景，以及需要为他们设计出怎样的体验。

- 你需要解决用户的哪些问题、公司的哪些问题以及产品的哪些问题。你需要为用户实现哪些意图、为业务达成哪些成果。（参见第33章："体验设计摘要"）

- 整个体验生态系统中都存在哪些系统性的关联关系，以及各项有关设计的决策之间是如何相互影响的。（参见第18章："体验的生态系统"）

- 你准备实现怎样的目标，你需要解决哪些设计问题，以及你需要把握住哪些设计机会。（第34章："设计要解决的问题，设计要抓住的机会"）

- 你希望你的受众怎样认知你的产品的品牌个性。

"详细设计" 的注意力画布

精确理解设计意图

→ 你需要着力解决的问题（包括用户问题、业务问题与产品问题）有哪些？

→ 你想要达成的预期成果（业务绩效）是什么？

→ 哪些DP是你要着力解决的？

→ 哪些DO是你需要抓住的？

→ 哪些内容方面的问题是你要着力解决的？

组成体验的要素有哪些

交互设计

→ 在交互设计过程中，你需要考虑哪些要素？

→ 在框架级别，你需要考虑的要素有哪些？包括导航、搜索、用户帮助、通知和设置。

视觉设计

→ 在视觉设计过程中，你需要考虑哪些要素？

→ 排版、颜色、图标、图像、插图、手势指南......这些视觉设计要素在你的设计中都是怎样体现的？

→ 在视觉设计过程中，你需要为用户考虑哪些关键要素？包括平台、设备以及相关的网格系统。

内容设计

→ 在内容设计过程中，你需要考虑哪些要素？

→ 为了达成你的目标，你需要考虑创建哪些内容？

→ 在内容设计中，你将使用怎样的语气和语调？

保真度

→ 你需要关注哪些不同程度的保真度设计？

→ 在交付工作产品的过程中，你都需要用到哪些工具？

保证详细设计的合理性

→ 为了找到正确的解决方案，你可以使用哪些不同的方法？

→ 如何为解决方案设定优先级顺序？

跟踪设计方案

→ 你是否已经解决了所有问题？包括用户问题、业务问题以及产品问题？

→ 你是否已经达成了业务目标、满足了用户的要求？

→ 你是否已经解决了所有的DO与DP？

→ 你是否已经完成了所有已确定的目标？

2. 数字化设计体验的要素有哪些

任何一项无与伦比的数字化设计体验都由以下三个部分组成，缺一不可：

- 交互设计。

- 视觉设计。

- 内容设计。

这三种设计中的每一种都需要一气呵成的构思和源源不断的灵感。所以，你需要精心营造出一种环境，让设计师能够在想象的空间里放飞自我、自由翱翔。他们的思维不应该被约束在眼前的事务性的工作上，也就是说，他们不应该被束缚在"明天的评审会上我应该在屏幕上投些什么东西呢"这类问题上。他们应该专注在"设计问题的最佳解决方案是什么"这类问题上。精心培育出这种有利于创新的环境，将有助于激发设计师在这三种设计中都构思出独具匠心的创意。此外，为了向用户交付具备极致体验的产品，所有担任这三种设计工作的设计师应并肩携手，通力合作，而不是故步自封，闭门造车。

小贴士

交互设计、视觉设计和内容设计的过程应该同时进行，这样便于达成共识。

交互设计：产品体验中的所有功能性行为。它专注于创造引人入胜的体验，以确定用户在不同场景中如何与产品交互。

在交互设计中，你需要着重考虑和构思：

- 框架级事项，例如，导航、搜索、用户帮助、通知和设置。

- 基于你正在解决的需求和问题的组件及模式。

- 产品布局、各项信息的层次结构以及各部分之间的布局。

- 页面布局、不同级别组件的排列与陈设方式之间要保持一致，以便能够创建出可供复用的模板。
- 展示页面的各种运行状态，例如，"无数据""正在加载数据""无内容""一个""一些""太多已溢出""不正确""正确""已完成"等。
- 可访问性[1]设计。
- 行为与交互文档。

> **划重点**："设计的含义并不仅仅是它的外观和人们对它的感觉。设计就是产品的工作方式。"
>
> ——史蒂夫·乔布斯

在进行交互设计时，你需要着重考虑想要解决的设计问题以及想要抓住的设计机会（参见第34章："设计要解决的问题，设计要抓住的机会"，以及第39章："工作流设计"）。汇集所有有关设计要解决的问题的灵感，开始创建一批中保真度和低保真度的设计，然后获得各个干系人的同意。

视觉设计：一旦你确立了产品的功能框架，就应该着手勾勒展示内容的方式。也就是说，在交互设计的同时就应该开始视觉设计的过程，即在构建功能的同时也构建概念化的视觉设计。视觉设计通常注重美学特征与易用性，提升产品的吸引力，成就产品的个性。视觉设计同时传达了产品的品牌个性，为用户创造出愉悦、舒心的感官体验，使你的产品从众多竞争对手的产品中脱颖而出。视觉设计不可能单独完成，因为它会对整个用户体验产生

---

1 《Web内容可访问性指南1.0》对"可访问性"的定义为：Web内容对于残障用户的可阅读和可理解性。同时，该指南还特别指明：提高可访问性也能让普通用户更容易理解Web内容。——译者注

影响。所以，它应该与互动设计和内容设计齐头并进。

在视觉设计中，你需要着重考虑和构思：

- 基础：排版、颜色、图标、图像、插图、手势指南。
- 布局和层次结构。
- 一致性。
- 可读性和可访问性。
- 构图与留白。
- 上述所有组件与模式的状态。

💡 小贴士

　　想要快速生成一系列想法，请时常做一做以下限时练习：拿一张纸，将其分成六个正方形。确定你要解决的设计问题，然后计时为六分钟，在这六分钟内，在每个方格中勾勒出设计问题的解决方案。

在进行视觉设计时，需要仔细考虑你的目标、产品的功能以及你想要解决的设计问题。收集所有有关视觉设计问题的灵感，开始创建一批高保真度的设计，然后获得各个干系人的同意。

内容设计：在产品中构建清晰、一致和紧扣主题的叙事内容的过程。注意：叙事内容与品牌设计必须无缝衔接。只有出色的内容设计才能够以直观的方式引导用户浏览产品。在内容设计中，你需要考虑和构思：

- 实现目标所需的不同类型的内容。
- 内容指南：
  - 音调和声音。
  - 产品中使用的语义说明。
  - 基于不同语言环境的写作风格。
  - 国际化和本地化需求。

- 将同理心融入内容文本之中。

内容设计用于**标签、分类类别说明、操作成功提示、操作错误提示、通知、错误页面、说明和描述**等领域。在设计之前，你必须确定用户期待达成的成果，还要仔细考量公司想要达成的业务成果，以及你想要解决的设计问题。收集所有关于内容设计问题的灵感，完成内容指南。在中保真度设计的最后阶段开始编写内容，将其纳入高保真度设计中，并获得各个干系人的同意。

3. 原型设计的保真度

充分利用这三种设计的力量，根据项目不同阶段的需要，你可以创建最合适保真度的设计。各种不同保真度设计的介绍与比较如下表所示：

保真度类型	定义	用途	何时使用	工具
低保真度设计	粗略的草图	沟通概念传递创意	早期迭代：在头脑风暴和概念化阶段	铅笔、钢笔、草稿纸
中保真度设计	精致的数字线框图，带有细节上的展示	演示功能、布局、模式和内容系统	在初步的高级概念最终确定之后，可以使用中保真度的设计来执行早期的测试，向所有干系人传递系统的功能集合	数字线框工具，例如，UXPin、Balsamiq
高保真度设计	增强视觉设计	展示最终设计的外观的静态版本	一旦功能和布局得到最终确定，就将该设计传达给前端开发团队	视觉设计工具，例如，Figma、Sketch、Adobe
高保真度原型	交互式视觉设计；最接近最终产品的版本	在进入开发之前，通过增强的交互性来向用户提供最终产品的直观感知	与最终用户一起测试，同时将其移交给工程团队和质量保证团队	原型设计工具，例如，UXPin、Figma、InVision

小贴士

迭代，迭代，不断迭代！不要等到最后截止日期之前才行动。"从优秀的体验到卓越的体验"正是通过尽早迭代、不断迭代才得以实现的。

大多数设计师都不屑于画草图，他们直接跳到了线框图这一步（中保真度设计阶段）。请牢记：如果在后期阶段才开始试错和修改，那要付出加倍的努力、时间和金钱。所以，一定要尽早迭代，这样才能确保最后得到尽善尽美的产品体验。

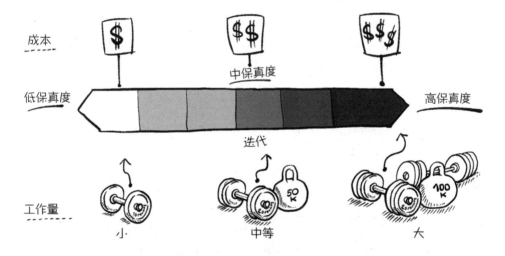

总结性测试应在不同的保真度下进行。当你准备去测试一个设计方案时（无论是草图还是高保真度原型），你都需要首先确定想要测试的关键场景，然后招募用户并进行可用性测试。根据你期待从可用性测试中获得的结论，将受试者的反馈融入设计中。一旦通过测试和迭代，确定最终设计方案，你要确保所有交互都以其他人容易理解的方式恰当地记录下来。在向各个干系人（包括产品经理和工程师）提交或演示设计方案时，该文档将非常有用（参见第42章："设计体系"）。

4. 保证详细设计的合理性

由于详细的设计过程是迭代的，你将因为大量问题不得不做出大量的变更，因此你需要为你所做出的每一个设计决策都找到一个清晰有力、站得住脚的理由。**如果不能保证设计的合理性，那就像在浮沙上建造一座高楼，一刻都不能矗立。** 一旦你了解了所有变更的基本原理，那就将这些变更汇集起来寻求正确的解决方案。以下是一些重要的方法，可以供你在汇集变更并确定解决方案的优先级时使用：

- 确定变更及其概念的可行性。
- 考虑设计和可用性的最佳实践。
- 确定设计的原则，并将其作为设计的准则。
- 避免产生认知上的一些偏差，比如：先入为主的偏差，以为不谋而合其实各执一词的偏差。
- 始终将你的设计决策根植于你的用户调研成果之上。
- 与用户一起测试你的产品。

小贴士

作为一名体验设计师，你需要始终与干系人沟通你的设计是否合理，尽量促使设计过程客观化，并协调所有干系人达成一致。

5. 跟踪设计方案

确保每个设计决策都能直接追溯到"你为何要这样设计"的初衷，即该项设计将会解决哪些问题，将要实现怎样的结果，达成哪些需求，以及改变哪些东西。上述事项，你可以按照从前往后的顺序从前一个追踪到后一个，也可以按照从后往前的顺序从后一个溯源到前一个。如此，你就能保证整个设计的双向可跟踪性。例如，你可以从设计要解决的问题追踪到最终设计，也可以从最终设计溯源到设计要解决的问题。你甚至还可以将设计要解决的问题溯源到更为前端的用户需要、业务需要以及产品存在的问题，借此来回答"为何要这样设计"的问题。

在上述跟踪矩阵内可以包含如下事项：

- 用户和业务洞察。
- 用户需要、业务需要以及产品存在的问题。
- 用户期盼的结果，业务希望达成的成果。
- 目标。
- 设计要解决的问题。
- 设计要抓住的机会。
- 最终的设计解决方案可以是工作流，也可以是详细的设计方案。
- 验证方案（无论解决方案是否适用于真实用户）。

体验战略规划者有责任确保以双向可跟踪的方式实现预期结果。

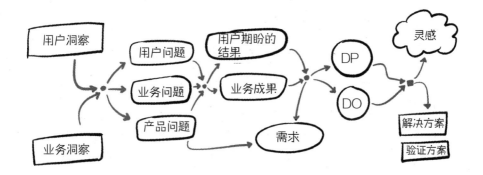

逸闻轶事：以可跟踪性来铸就可信度

我们有位客户，曾经邀请另一家设计咨询公司帮助他们改善设计。但是他们后来终止了这项服务，因为这家设计咨询公司并未对他们的业务产生足够的影响。于是他们找到了我们公司，希望我们能够做得更好。该公司的首席执行官和高层管理团队都希望密切参与到咨询项目中，密切注意项目的进展状况。

在一次设计评审会议上，他们向设计团队提出了一个尖锐的问题，即为什么我们要以自创的方式解决一个特殊的问题，而不是以跟竞争对手相同的方式。由于我们建立了一个清晰的跟踪过程，从用户洞察一直跟踪到最终解决方案，所以我们能够充分说明我们的决策的合理性。总的来说，在所有的评审活动中，我们都可以在跟踪矩阵中来回穿梭，清楚地回答他们的所有问题。即使当我们意识到我们正在努力解决的设计问题是错误的（曾经出现过这样的案例，设计问题被错误地定位到另一个不相干的业务问题上），我们也能迅速发现并改正错误。我们和客户能够一起迅速弥补信息上的不对称，最终按时交付产品，帮助他们获得了另一轮投资。他们对我们创立的体验设计过程也是信心倍增。

如何最大限度地发挥本章内容的价值

- 不用过分担心"设计是否准确"，先让你的想法流动起来！记住：想法优于细节。在汇集各种想法时，要对讨论中可能出现的各种修改意见或者创新想法都保持开放的态度。
- 使用标准设计案例和模式以减轻负荷，最大限度地提高易用性，并防止混乱。
- 维护一个设计组件库或者设计模式库，必要时通过复用它们以减少工作量。

本章总结

　　创建详细设计将帮助你建立高效能、高品质的体验。在投入大量精力和资源进行开发之前，快速测试并迭代将要构建的体验。详细设计需要视觉设计、交互设计和内容设计紧密地结合在一起，为用户营造一种无缝衔接、愉悦身心的体验。

相关章节

第18章 体验的生态系统

第33章 体验设计摘要

第34章 设计要解决的问题，设计要抓住的机会

第39章 工作流设计

第42章 设计体系

第41章

评审体验设计
——如何实施体验设计的评审？

　　如果体验设计的评审实施有瑕疵，就会导致不必要的返工，还会错过最后期限，交付不合格的、无法有效解决问题的解决方案。本章内容将使设计师与来自其他团队的合作者能够从这些评审中获得最大的收益，从而最大限度、最高效地利用时间和资源。

你为什么需要阅读本章？

本章内容将帮助你的企业：

- 找到能够解决用户问题，提高产品品质或提升业务价值的最佳设计方案。
- 有效推动跨职能团队协作，交付高水准的设计和高品质的体验。
- 减少团队之间不必要的返工。
- 按时为你的用户交付优秀的体验。

做好体验设计的评审，谁是关键角色？

角色	谁会参与其中	职责
驱动者	体验设计师	• 为体验设计的评审活动做好准备，做好铺垫 • 为评审建立流程，为评审专家反馈意见建立通道，推动大家关注用户、关注体验、关注设计的问题与机会
贡献者	其他团队的同事	• 为拟定的设计方案提供建设性的反馈意见

"评审体验设计" 的注意力画布

准备工作

→ 你对本次评审的期待是什么？

→ 你需要邀请哪些角色的合作者作为评审专家参与到此次评审之中？

→ 在评审开始之前，你需要分享哪些铺入？

确定评审方式——怎样结构化本次评审

首先，定义好情境

→ 谁是用户？他们的期待有哪些？

→ 在宏观层面上，你的设计需要支持哪些体验？

→ 在之前的评审会议上都达成了哪些共识？本次评审的目标是什么？

其次，明确当前的设计方案用于解决哪些问题

→ 用户问题、业务问题和产品问题分别是什么？在之前的用户调研活动中都获得了哪些洞见？

→ 为什么这些问题很重要？

→ 设计方案针对哪些问题？

然后，厘清设计过程

→ 你是怎样解决这些问题的？

→ 当前的设计方案如何解决DP与DO？

→ 如何确认你已经解决了所有的问题？

最后，展开对话

→ 如何有效开展双向对话/从而获取富有见地的反馈意见？

引导干系人趋于融合

→ 怎样融合以达成共识？

→ 达成了哪些共识？

→ 下一步还需要做什么？

怎样实施

为了能够在评审体验计方面取得事半功倍的效果，你需要注意：

1. 做好准备工作

通过思考以下内容，为即将到来的体验设计的评审活动做好准备：

- **结果**：本次评审的理想结果是什么？你希望在这次会议上取得怎样的成果？注意，你所期待的成果会受到两个因素的影响：第一，本次设计所针对的问题；第二，在你制订的产品体验策划中对本次评审活动的规定。（参见第35章："产品体验策划"）

体验设计的评审结果通常分为两类（这两类成果不一定是互斥的）：

评审类别	输出物样例
一致性评审	• 我希望评审专家关注对用户的洞察，以便他们能够帮我确定下一步工作的优先级顺序 • 我希望评审专家能够理解解决问题所需的时间
为收集反馈的评审	• 我希望项目的发起人能够及时反馈我们在当前设计阶段完成的工作 • 我希望评审专家能够帮助我汇总特定的设计变更

明确定义你对本次评审的理想结果。这样，当你在召开评审会议的时候，能够清晰地展示会议目标。如果与会各方的讨论偏离了方向，目标会把人们拉回来关注初衷。

- **评审专家**：你需要邀请哪些角色的合作者参与到此次评审之中？他们各自扮演怎样的角色？你预期他们会提出哪些问题？确保本次评审邀请到了合适的以及必要的评审专家参与进来，这样你才能够得到你期待的反馈意见。此外，还要积极预测一下谁会提出一些令你猝不及防的问题，避免评审脱离正轨，确保评审能够达成预期结果。

典型情况下，你需要邀请如下人员作为评审专家（包括但不限于）：

  □ 项目发起人、领导。

  □ 产品的干系人。

□ 内部合作者。

□ 外部合作者。

□ 体验设计师。

□ 最终用户。

- **评审对象**：你期望呈现哪些工作产品作为本次体验设计评审的对象？你最希望在哪些工作产品上得到评审专家的反馈意见，哪些工作产品的评审意见有助于你达成预期结果，就挑选它们作为评审对象。

典型的评审对象包括（但不限于）：

□ 设计摘要。

□ 体验的生态系统。

□ 体验设计的路线图。

□ 故事板。

□ 视觉类型。

□ 工作流。

□ 线框图。

□ 视觉交互。

小贴士

尽量将评审专家的人数控制在七至八人的范围内，团队规模越大，越容易导致效率低下的状况。每次评审需要指定一名记录员，清晰地记录会议中所有的反馈意见。

2. 决定组织评审的最佳方式

传统的呈现设计的方式（通常也是无效的方式）是让体验设计师向评审专家展示某一个特定的工作产品或界面。这种方式的好处是开放、不设限，人人都可以畅所欲言，分享自己的看法。

然而，遗憾的是，在这种方式下，评审专家的反馈往往是随心所欲的，而且他们的关注点都聚焦在了"微观设计"上，比如：

- "你为什么采用左对齐方式？"
- "你可以在屏幕上添加上这个字段吗？"
- "我不喜欢这种颜色。"
- "XYZ公司用的是另一种方式。"
- "你能把这个按钮移到顶部吗？"

这种评审通常是主观且非结构化的，并且最终是无效的，因为评审专家并不知道如何对演示做出正确的反应。

为了让体验设计评审更加高效，请遵循以下的结构性步骤：

- **首先，定义好情境。**

向评审专家清晰地解释你一直在尝试解决的DP或者DO（参见第34章："设计要解决的问题，设计要抓住的机会"）。向评审专家解释清楚用户是谁，以及你希望达成怎样的结果。如果会议已经开始，请首先确定上一次会议讨论的内容，并概述所达成的协议。请记住：如果评审专家自身对用户，对用户的问题和结果理解不一致，那么评审实际上会造成不必要的混乱。所以，必须首先对齐上述基础性的问题。

💡 **小贴士**

在分享设计之前，请务必审查并调整设计问题，并对问题保持一致的理解。如果干系人不能达成一致，请重新审视问题。

- **其次，分享你的方法，你建议的解决方案或设计，以及评审材料。**

通过讨论以下内容，引导评审专家讨论设计过程：

   □ 我们是如何着手解决这个问题的？
   □ 我们的设计是如何解决DP或DO的？

小贴士

　　如果可能，评审活动应该是面对面的。你可以将自己的作品打印到海报大小的纸张上（需要购买一架绘图仪）。当评审专家在一幅小小的电脑屏幕上浏览解决方案时，他们很难看到更大的画面与连接点，很难积极融入解决方案之中。所以，打印出来的设计作品和面对面的评审都将规避这些风险。

　　引导大家一起浏览你在用户调研期间收集到的或者计划收集的任何相关指标，以证明设计已经充分解决了用户问题、业务问题或者产品问题。也就是说，你能够清晰地回答，我们是如何确认我们已经解决了问题。

示例

　　在UXReactor，我们通过以下方式来陈述讨论的内容："我们优先考虑的是这个DP（比如，我们如何明确用户应该从哪里开始他们的工作流？）。关于这个DP，可以用以下三种方式来解决，每种方式的复杂性各不相同……"

- **最后，展开对话。**

　　评审体验设计并非单向的陈述，它应该是设计师与评审专家之间的双向对话。在上述步骤中，针对任何一个对齐、厘清或者反馈的活动，都可能会引发广泛深入的双向交流。所以，我们应该始终坚持以用户、DP或DO、指标和针对问题的解决方案为基础，而不是以"漂亮的界面"作为判断的依据。这样才能将对话的重点始终放在解决手头的体验问题上。

　　一定要让评审专家们知晓，在今天的评审活动中你希望从他们那里得到怎样的反馈意见。此举有助于让每个人都了解用户，确保团队为用户提供高品质的体验，即使当前提出的设计解决方案可能只是一幅更为宏大的体验拼图中的一小部分。

如果你是一位评审专家，在评审中扮演着重要角色，请选择以下问题或陈述之一与设计师对话：

□ 在最初的发现探索阶段，从宏观上都提出了哪些问题？

 示例

我们都对用户做了什么假设？

□ 在构思和迭代阶段，为了激发创意都提出了哪些问题？做出了哪些陈述？

 示例

如果我们这样做，那会如何？

我们怎样才能……

是的，而且……

如果出现那样的问题，我们该怎么办？

□ 明确有关设计意图和厘清问题的陈述，以便在设计评审会议上能够评估实现意图的方法。

 示例

优秀的陈述："我想确保视觉品牌在工作流的所有步骤中都得到一致的展示。"

糟糕的陈述："我不喜欢这里的蓝色。"

上述结构化方法有三个目的：首先，所有的评审专家，尽管来自不同岗位，他们都可以在宏观上对于产品的体验设计保持一致的看法。其次，只陈述潜在的问题将允许评审专家就问题的解决方案提出意见或建议，而不是只针对设计提出一些没有指导性意义的、只关乎个人主观好恶的反馈。最后，这种方法还有另一种魔力，可以让每个人置身其中，齐心协力地找出解决问题的方案，从而推动对话。

3. 引导干系人趋于融合

如果没有融合和总结的活动，体验设计的评审就不能完全发挥作用。融合意味着各位参与者之间要达成一致。以下是一些可能达成一致的结论：

- 对齐已做出的关键决策。
- 明确确定了行动项，例如，获取更多的数据。
- 在给定时间内，利用当前已经取得的各种信息决定后续的行动方向。
- 就某一项设计的解决方案达成一致，用于解决用户问题和业务问题。

小贴士

在评审结束前，口头总结在评审中达成的关键决定，并征求所有干系人的认可。随后，把这些关键决定记录下来。

以下两个问题有助于促成大家达成一致：

- **该解决方案是否解决了预期的用户问题、业务问题或产品问题？** 最好的解决方案不一定是最漂亮的。所以，需要不断地回顾这个问题。这不仅是为了促成大家达成一致，更重要的是，能够确保你交付满足用户需求的体验。
- **我们的体验设计原则什么？** 你的体验设计原则是你的组织计划为用户打造的体验的基准。所有的体验设计都需要遵循这些原则，需要将这些原则作为推动达成共识的指南。（参见第42章："设计体系"）

以下是两个设计原则的示例：

- 所有的关键流程都可以一键访问。
- 所有的数据都是有意义的，而且是可以操作的。

逸闻轶事：从家居装修项目中获取体验设计的灵感

在你下一次实施体验设计的评审之前，想一想家庭和花园频道（Home and Garden Television，HGTV）[1]的家庭装修设计师是如何带领他们的客户参观他们正在改建的房子的。他们不会指着厨房的柜台，开始询问客户："颜色怎么样？"，或者"位置是否是你喜欢的？"。相反，他们将客户带回到最初的要求，或者改造房屋之前在调查时客户提出的挑战。例如，装修设计师会说："你告诉我，你家里最大的挑战之一就是没有足够的空间为家庭聚会和晚宴准备丰盛的饭菜。所以我们决定……"他们为每一套新房的改建或者扩建时都要经历这个过程。

换言之，装修设计师从房主那里获得了洞见，并从这些洞见中得出了装修设计里需要解决的问题。最后，基于用户体验和房主最初提出的要求，设计师才会提出解决方案。

所以尝试以HGTV的家庭装修设计师的方式推动你的下一次体验设计评审吧。

如何最大限度地发挥本章内容的价值

- 讨论的重点是体验，而不是用户界面。在展示早期概念设计时，一定要关注整个体验、用户旅程及其结果，而不是屏幕上的细枝末节。围绕着总体的产品体验展开讨论，而不是将团队的注意力都放在细节上；

- 评审结束前，总结所有的行动项，并为受众何时看到下一轮迭代的工作产品设定适当的预期。

1　HGTV是美国最受欢迎的在播个性化家居生活频道，归Discovery Inc.所有。该频道主要播放与家庭装修和房地产有关的真人秀节目。2016年，HGTV取代CNN成为美国第三大有线电视频道，仅次于福克斯新闻和ESPN。——译者注

本章总结

摒弃你此前一直在进行体验设计评审时的陈旧方法。评审的对象不能只限于屏幕或者工作产品。相反，你需要将评审视为一种双向对话活动。在这个对话中，体验设计师是用户体验的管理员。你负责构建和引导对话，以更为宏观的视角关注体验，并为潜在的用户问题、业务问题或产品问题确定解决方案。

相关章节

第35章 产品体验策划

第40章 详细设计

第42章

设计体系
——如何构建并扩展出具有高度一致性的、高品质的体验设计？

高品质的设计体系能够赋予设计团队和工程团队力量。尽管大多数人都知道，设计体系影响深远、价值连城，但他们并不知道如何构建设计体系。

本章内容将有助于你充分了解如何构建一个高效的设计体系，使你和所有干系人一道构建出具有高度一致性的、高品质的体验设计。

你为什么需要阅读本章？

本章内容将帮助你的企业：

- 阐明驱动设计活动的设计原则。
- 打造高效一致的产品。
- 构建可扩展的产品。
- 通过减少冗余工作来提高生产率。

建立并维护优秀的设计体系，谁是关键角色？

角色	谁会参与其中	职责
驱动者	体验设计师（交互体验设计师、视觉体验设计师）	• 定义驱动设计的设计原则 • 定义界面级别的设计模板，深入剖析其结构 • 定义视觉体验方面的基本设计内容，包括组件、模式、行为、相互之间的依赖性 • 规格化设计内容 • 创建所有可交付成果的清单和最终的审核，以便移交给工程部门

续表

角色	谁会参与其中	职责
贡献者	产品经理	• 根据产品路线图确定工作范围 • 与体验设计师共同定义、更新设计体系的指南 • 评审并签发设计体系
	工程团队	• 审查和使用设计体系 • 如果设计体系有修改或更新，提供相关意见与建议

怎样实施

为了能够在建立和维护设计体系方面取得事半功倍的效果，你需要注意：

1. 情境

在构建设计体系并将其投入正式使用之前，你需要深入了解用户、产品、组织及其所处的情境。这包括体验的愿景、宏观层面的体验生态系统、工程团队与产品团队的技术和能力。

对于工程团队而言，设计体系是帮助其构建产品体验的有效工具。更为重要的是，设计体系还是收录了大量事实真相的经典秘籍（例如，为什么某种排版方式能够在众多版式中脱颖而出），为产品和设计团队指点迷津，为总体设计决策提供相关依据。

2. 应该定义哪些规范

你应从框架和实践两个层面来定义设计规范，并将其包含在设计体系之中。框架级规范准确描述了哪些内容需要构建在设计之中，以及如何构建。实践级规范阐释了为什么事物要以某种特定的方式来构建，以及在宏观的设计体系中事物和事物之间如何相互关联。

框架级规范：要从框架级别定义规范，需了解设计体系中三个元素之间的关系：基础要素、由基础要素渲染出来的组件，以及由基础要素与组件构成的模式。

"设计体系" 的注意力画布

情境

→ 谁是用户？他们的体验是什么？

→ 构建系统需要依据哪些原则？

→ 工程团队使用哪种类型的框架？

→ 设计体系的受众都有谁？

需要定义哪些规范

→ 需要为你的产品定义哪些基础要素（比如，颜色、排版、图标、插图、网格与平面布局）？

→ 需要为你的产品定义哪些组件（比如，行为召唤、表格和选项控制）？

→ 需要为你的产品定义哪些模式（比如，一览表、导航、搜索）？

→ 用户施加在组件上的行为有哪些？用户施加在行为模式上的行为有哪些？

→ 需要在工作流上定义哪些要素（比如，依赖关系等）？

→ 需要在原型上定义上这义哪些要素？

→ 需要在视觉资料（比如，说明性的图片、影片）上定义哪些要素？

公布上述内容以实现产品的设计

→ 如何创建并维护设计体系？

→ 如果设计体系发生了更改或者升级，你如何知会工程团队与产品团队？

→ 哪些工作产品需要被有效保存？

实施恰当的治理体系

→ 更新设计体系的频率如何？

→ 在版本说明中都需要描述哪些内容？更新设计体系时，需要通知哪些干系人？

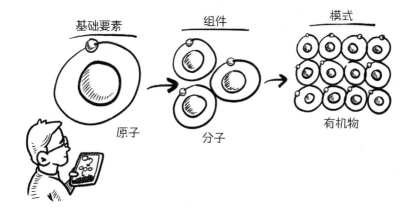

- **基础要素**：基础要素是设计的基石，与组织当前的品牌指南相匹配。基础要素包括：

  □ **颜色**：你将在整个产品中使用的主要色调、次要色调、其他附加的色调，以及何时何地可以使用哪些颜色。

  □ **排版**：用于排版的套件，包括用于不同情况下（如页眉和正文）的层次结构与样式。

  □ **图标**：图标的整体风格、图标本身的规格大小，以及哪里可以使用图标，哪里不能使用图标。

  □ **插图**：插图的整体风格，例如，线条、填充色、尺寸标准与用途。注意，插图方面的具体规则是需要适用于各个产品的。

  □ **网格和平面布局**：产品在不同平台（例如，Web端、桌面端、移动端）上使用时，为了匹配不同尺寸和分辨率，需要制定不同的网格和布局。

> **划重点**："所谓'高效'，就是用智慧的
> 方法偷懒。"
> ——大卫·邓纳姆[1]

---

1 美国演员，代表作有《入侵地球：异性在此》。——译者注

- **组件：**是由基础要素渲染出来的可复用的功能元素。组件可以满足特定的交互要求或界面需求，包括：

  □ 行为召唤。

  □ 表单上的输入字段。

  □ 由用户选择的控件（例如，复选框、单选按钮、下拉式列表等）。

  □ 折叠面板。

识别并记录产品中的所有组件，包括说明、红线批注、规则和用法。记录用户施加在组件上的行为，包括：

  □ 组件的运行状态信息，例如，"正在加载""没有数据""已经填写一项""还能再选择一些""你选择的选项太多了，已经超出范围""不正确"等状态。

  □ 组件和模式之间的各种相互依赖关系。

  □ 更改屏幕分辨率时，组件会发生哪些更改。

  □ 如果需要，不同的用户角色在访问同一组件时可能会发生的更改。

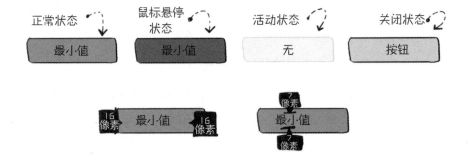

- **模式：**由基础要素和组件组合而成。模式就是标准化的设计，并且在整个产品中保持一致，据此来实现产品的可扩展性。模式通过以下工具帮助用户达成自己的目标：

  □ 一览表。

  □ 导航。

□ 搜索。

□ 模态对话窗口[1]。

□ 过滤器。

□ 诸如日历这样的窗口小部件。

识别并记录产品中的所有模式，包括说明、红线批注、规则和用法。记录所有模式行为，包括：

□ 运行状态信息，例如，"正在加载""没有数据""已经填写一项""还能再选择一些""你选择的选项太多了，已经超出范围""不正确"等状态。

□ 组件和其他模式之间的各种相互依赖性。

□ 更改屏幕分辨率时，组件会发生哪些更改。

□ 如果需要，不同的用户角色在访问同一组模式时可能会发生的更改。

如果框架级规范定义到位，未来再构建和改进任何体验的工作都将变得轻而易举，快捷高效，并且还会极大地提升体验之间的一致性。

小贴士

不要过度规范化设计体系，使其变得异常复杂超过实际需要。设计体系仅需包括将在产品设计中使用到的关键要素。

- **实践级规范**：是工程团队理解你隐藏在体验设计背后的设计意图的关键。为了实现信息的无缝传递，你应该让工程团队对以下内容做到心中有数：

  □ **背景**：一份摘要，简要记录关键用户的需求、设计要解决的问题

---

1 除非采取有效的关闭手段，否则用户的鼠标焦点或者输入光标将一直停留在当前的对话窗口上。模态对话窗口在显示之后，就不能对同一个程序中的其他窗口进行交互操作，在该窗口关闭之前，其父窗口不可能成为活动窗口。——译者注

以及体验设计旨在达成的目标。背景还应包括设计原则，即在宏观层面上为设计提供通用性的指导方针。

□ **整合好的工作流**：确定了产品在整体上的覆盖范围与颗粒度。此外，工作流还显示了产品的行为与行为之间的相互依赖性以及出错后的处理，使工程团队能够理解如何处理正常事件流与异常事件流。

□ **高保真度的设计规格**：产品设计的最终稿，而且是独一无二的，清晰地描述了相关的基础要素，基础要素如何渲染成组件，组件又如何组合成模式。设计规格应该覆盖到每一个界面，包括该界面将使用到的颜色、版式、填充图案与设定值等，而且都能够得到有效的贯彻执行。幸运的是，如今大多数设计工具都可以自动生成这些规格。有几种设计工具甚至可以自动遵循这些规格。动画设计也应该遵循相应的规格要求并交付给工程团队，因为动画提高了产品的趣味性。

□ **原型和交互说明**：原型及其相应的工作流将帮助工程团队知晓现实中的产品应该如何工作。所有的交互都应以其他人容易理解的方式恰当地记录下来。

小贴士

指定一位负责人维护上述所有内容。另外，上述各个事项的命名规则和文件夹结构应自始至终保持一致。

3. 公开上述内容以实现产品的设计

在将体验设计提交给工程团队之前，应定期主动地将设计体系公之于众并获得大家的一致认可。

在将体验设计正式提交给工程部门进行构建之前，确保在以下方面与工程团队达成一致：

- 如何创建和维护设计体系。例如，将使用哪些工具？谁可以访问？
- 更新设计体系的过程。例如，谁来批准变更？变更的内容需要通知给谁？
- 如何传达设计体系的更新内容？如何传达最终设计稿？可能采取的方式包括：正式会议、每日站立式会议，或者在即时通信工具上发送一个消息。

围绕着体验设计的可交付成果有很多，包括体验设计摘要、工作流、草图和原型等。你需要为此而创建一份清单，这份清单应该被集中保存，可快速检索、存取有序，所以可以被设计系统便捷访问。

4. 实施恰当的治理体系

与其他团队成员一起确定设计体系的版本控制准则和更新频率。版本控制将使所有干系人可以清晰了解任何变更及其对自己的工作和产品所产生的影响。确保通过最恰当的沟通渠道及时向需要了解设计系统更新的人员提供正确的信息。

逸闻轶事：构建高效的设计体系，为客户节省大量时间成本

UXReactor 公司与一家组织合作开发了一批产品套件。当我们开始工作时，我们发现他们的设计中存在很多前后矛盾的地方：多种风格、图标、交互模式和导航模式交错排布，毫无规律。例如，我们发现，同一种颜色居然有四十种不同的色调，产品中使用的字体也有十多种。于是，我们确定自己的主要工作方向就是清理设计，创建一个全面覆盖各层级设计的体系。当我们完成设计体系的构建工作之后，所有的矛盾问题减少了约87%。几个月后，当组织中所有团队都开始使用这套设计体系时，前后矛盾的问题几乎降为零，生产率得到显著提高。

如何最大限度地发挥本章内容的价值

- 文档，文档，文档！重要的事情说三遍！一定要使用文档来解释说明设计体系中的每一个要素，以及每一个要素的设计意图与用途。

- 设计体系应与时俱进，不断更新，否则它就会过时。

- 对产品进行定期评审，确保最新的设计元素都被更新到设计体系中。

本章总结

花些时间用于构建综合性的设计体系（包括附着在设计体系之上的文档说明），可以收到事半功倍的效果，不仅能够提高你的团队的生产力，还能为其他干系人清晰明了地解释体验设计的意图，让他们了解"为什么如此设计"。

相关章节

第36章 跨职能协作　　　第39章 工作流设计

第43章

用户体验设计的质量保证活动
——如何检验工程团队交付的产品是否符合体验设计的要求？

　　工程团队交付的产品体验不符合体验设计的要求，是导致产品质量低劣的原因之一。本章内容将助你了解如何关注组织内的用户体验设计质量保证过程，如何对此过程提出更为严格的要求，以确保工程团队在产品设计开发时保证产品质量与体验设计的一致性。

你为什么需要阅读本章？

本章内容将帮助你的企业：

- 识别工程团队交付的产品与产品体验设计之间的差异。
- 防止累积体验债务。
- 对工程产品的变更进行优先级排序，有序计划。

做好用户体验设计的质量保证活动，谁是关键角色？

角色	谁会参与其中	职责
驱动者	体验设计师	• 比较交付的体验设计与工程产品之间的偏差 • 确定问题的严重度和优先级 • 与产品经理和工程团队一起评审偏差报告 • 跟踪更改

角色	谁会参与其中	职责
贡献者	产品经理	• 评审并批准偏差报告 • 评估问题的严重度，确定问题的优先级 • 将修改问题的任务分配给工程团队 • 跟踪更改
	工程团队	• 评审偏差文件 • 确保问题得以解决

怎样实施

为了做好用户体验设计的质量保证活动，你需要注意：

1. 情境

为了提升体验设计质量保证流程的有效性，首先，需要你回想一下当初计划要解决的设计问题。此举将有助于你在实施质量保证活动时时刻关注设计问题，不会偏离方向。其次，确定你想要进行质量保证的体验内容和场景，确定在工程过程中实施质量检查的时机。比如可以在框架构建完成之后，也可以在特定流程构建完成之后，或者在整个端到端的产品构建完成之后。上述活动将帮助你有效定义质量保证工作的实施范围，有效分配资源。小规模、高频率、渐进式的设计质量保证活动有助于节省后续设计工作的时间与资源。

将你规划好的质量保证流程向设计师公布，以确保他们都能知晓接下来的质量保证活动的实施时机与方式，也能确保他们访问到最新的产品版本。

2. 识别问题

你需要创建一份质量检查计划，描述质量检查活动的目标、进度安排、里程碑、可交付成果以及所需资源等。在正式实施质量保证活动之前，应确保你已经评审了整个工程化的产品，并且已经实际使用过一次。此举能够让你对产品中可能存在的问题有一个初步的认识。你应该时刻把设计体系放在

"用户体验设计的质量保证活动" 的注意力画布

情境

→ 你需要解决的设计问题有哪些？

→ 你在工程过程的哪个阶段实施质量检查相关工作？例如，在工作流完成之后，或者在界面构建完成之后。

→ 你要实施质量检查的体验与场景分别都有哪些？

识别问题

→ 测试计划包含哪些内容？例如，目标、进度计划、交付件以及所需的资源。

→ 实施质量检查的工作流程是怎样的？

→ 你将采取哪些预防性措施（预防错误的措施）？这些措施是否包含在设计中？

→ 需要进行质量检查的视觉流程是什么？

→ 在视觉效果中都需要考虑哪些要素？

→ 哪些平台或设备适合需要进行质量检查的用户？

→ 在设计中，有哪些数据与内容需要进行质量检查？

评估

→ 如何定义问题的严重度？

→ 怎样确定问题的优先级？

→ 你最需要关注的问题是哪些？

与干系人合作

→ 设计团队的实施计划与工程团队的实施计划分别是怎样的？

→ 问题都存在哪里？怎样追踪问题是否得到解决？

→ 当前，体验债务都有哪些？

手边，作为对照检查设计意图和设计规范的有力工具（参见第42章："设计体系"）。

现在，你可以开始对整个系统及其设计细节进行质量检查了。

对整个系统的质量检查包括检查用户体验、用户旅程、用户工作流，以及用户为达成其预期的目标应遵循的操作步骤。

质量检查需要根据不同的场景和环境而有所侧重。在对整个系统实施质量检查时，你通常会发现以下三种类型的问题：

- **体验问题**：若干关键的情境以及接触点尚未被有效地表达出来。
- **工作流问题**：工作流中某些环节之间的链接不正确，特别是从一个界面跳转到另一个界面的时候。
- **可用性问题**：工程化的解决方案不够直观、有效，无法让用户迅速掌握。

对设计细节的检查包括配色、填充图案、设定值的大小、错误状态信息以及使用到的数据与内容的类型。

为了满足用户需求，需要在各种不同类型的平台和设备上实施质量检查活动。在对设计细节实施质量检查时，你通常会发现以下两种类型的问题：

- **组件和模式的问题**：组件与行为的设计模式不一致。
- **美学问题**：颜色不统一、版式不统一。

确保所有问题都以干系人易于理解和优先考虑的方式进行恰当地记录。包括问题的详细描述、图片和任何相关链接。

3. 评估问题的严重度与优先级

在识别和记录问题的同时，你还需要判定问题的严重度。严重度指的是该问题对系统和用户的不利影响程度。严重度可分为不同级别。如果你确信某一个问题必须在产品发布之前解决掉（例如，某个问题会导致用户陷入困境，不知道下一步该做什么，其结果就是用户无法完成该流程），那么请将该问题标记为"高"严重度。如果某一个问题会导致用户有些恼火，但用户还是可以自己找到解决方法，又或者该问题只是一个影响外观的问题，则可将其标记为"中等"严重度。

在确定了问题的严重度后，你可以使用"2×2决策矩阵"来确定问题的优先级。如下图所示："2×2决策矩阵"的X轴表示问题的严重度，Y轴表示问题的出现频率。为了能够有效评估问题的影响范围并制订切实可行的计划，体验设计师、工程团队和产品经理三者之间要形成三位一体的合作关系。在确定问题的优先级之后，你还需要与所有干系人分享你的发现，强调在产品上线之前必须解决哪些优先级比较高的问题。

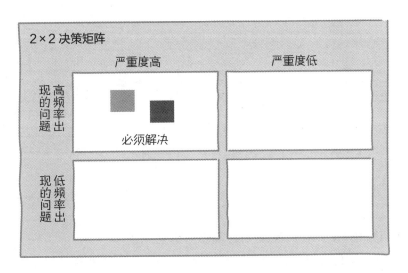

划重点：当用户因为某个问题陷入困境，不知道下一步该做什么时，请将这个问题标记为"高"严重度。

4. 与干系人合作

与产品经理和工程团队协作制订纠正问题的时间表。确保质量保证活动中发现的所有问题都被记录在案。针对发现问题的处理方式，三方应协商一致，达成共识，并且也需要记录在案。此外，还需持续跟踪问题与共识。

在实施质量保证活动的过程中，你可能还会遇到一些给你带来挑战的技术性问题。此时，你可以与工程团队一道来寻找可以实现相同结果的替代性设计方案。

有时，产品发布的日期迫在眉睫，又或者竞争对手的产品可能会抢占先机，这些限制可能导致你无法立即解决每一个问题。这时，你可以降低那些对用户体验产生消极影响的问题的优先级（例如，未解决的工作流问题、模式问题以及审美层面问题），但需要将其记录为体验债务。

一旦工程团队解决了质量检查中发现的问题，就需要进行第二轮检查，确保最初发现的问题得到有效改进，同时也需要关注可能出现的任何新问题。

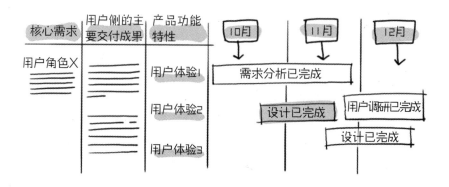

逸闻轶事：在产品发布之前修复这些问题

在UXReactor公司，设计质量保证活动是流程中不可忽视的关键一环。有一次，我们在为一个客户合作伙伴设计质量保证活动时，我们发现其产品中有500多个关于工作流、模式以及美学层面的问题。尽管问题大多是"低"严重度级别，但是"500"这个数字就像是在对产品行"凌迟之刑"，因为用户会认为该产品还没有做好准备进入到它的关键时刻。

耐人寻味的是，这些问题都没有在产品的功能性质量保证流程中被发现过，因为产品可以按照预期的功能定义正常工作。

尽管如此，我们还是与产品经理和工程团队领导一起确定了问题的优先级，在产品正式发布前解决了将近300个问题，剩下的200多个问题则记录在"体验债务"中，留待日后解决。

如何最大限度地发挥本章内容的价值

- 无论问题的严重程度如何，都需要将其记录在案。

- 创建一张"体验设计质量保证检查表"，这样你就不会放过任何错误。

- 在你完成对产品中的体验问题的识别和评估工作时，逐步向干系人（产品经理、工程团队）展示你的发现，以帮助他们厘清设计上的偏差将会带来的负面影响。此举也将有助于他们充分理解解决这些问题的必要性。

本章总结

　　工程化的产品在体验上与原先的设计存在偏差，这是经常发生的事情。许多企业都拥有一支质量保证团队对代码和产品功能进行质量检查。所以，再加入一个针对体验设计的质量保证流程，是一种经过深思熟虑的决断。投入时间检查产品与设计意图之间的差异，将有助于你的企业构建出高度一致的、高品质的产品，有效避免在"体验债务"方面债台高筑。

相关章节

第42章　设计体系

第44章

体验设计实践的规划
——如何高效地规划体验设计的实践?

如果没有一个结构良好的体验设计实践的规划,那些优先考虑产品体验、期待实现体验转型的企业就无法成功。体验设计实践的规划能够帮助组织围绕设计实践的方方面面构建出结构严谨的设计体系,能够帮助组织始终如一地交付高品质的体验解决方案。

你为什么需要阅读本章?

本章内容将帮助你的企业:

- 在组织层面上围绕设计工作的各个方面建立可持续的过程。
- 持续交付设计良好、体验优秀的有形产品。
- 定义出结构严谨、内容翔实的设计流程,从而提高组织效率。

做好体验设计实践的规划,谁是关键角色?

角色	谁会参与其中	职责
驱动者	体验战略规划者	• 确定团队所需的合适人员和技能 • 建立、督导并改进流程 • 培育具有良好思维模式的环境
贡献者	跨职能团队	• 必要时提供输入

"体验设计实践的规划" 的注意力画布

人员和技能

→ 你的团队需要哪些技能组合？

→ 规划体验设计的实践，谁是领导者？

问题

→ 用户问题有哪些？

→ 业务问题有哪些？

→ 你如何为问题设定优先级？

流程

→ 你还需要哪些其他的体验设计？

→ 你的工作流都需要包含哪些内容？

试错

→ 为了验证你的设计，需要实施哪些试错活动？

→ 怎样检验你的流程以确保其有利于实现价值驱动？

工具与协作对象

→ 为了创建设计方案，你都需要哪些工具？

→ 怎样利用这些工具与设计师沟通解决方案？

→ 哪些设计师将是你的协作伙伴？

→ 你如何与设计师展开协作活动？

有效管理

→ 体验设计的衡量项都有哪些？

→ 何时改善你的体验？

怎样实施

为了能够在体验设计实践的规划方面取得事半功倍的效果，你需要注意：

1. 识别为保障组织转型成功所需的人员和技能

你团队的成员是你构建体验设计实践的规划的基石之一。

为了做好体验设计实践的规划，在组建团队时，你需要招募：

- 交互设计师——解决与工作流、框架问题和交互行为相关的DP。
- 视觉设计师——解决视觉相关的DP。
- 内容设计师——解决内容相关DP。
- 用户调研人员——帮助推进用户调研工作。
- 其他设计人员——与上述体验设计师通力合作。
- 体验战略规划者——工作重心在于建立解决用户问题和业务问题的流程，并管理流程的执行。

2. 确定你想要解决的问题

一定要确保，通过产品思维流程确定的最相关的设计问题，正是组织当前要着手处理和解决的问题（参见第34章："设计要解决的问题，设计要抓住的机会"）。

如果你足够细致，就会发现有一大堆问题亟待解决。但遗憾的是，你并不能解决所有的问题。所以，一旦确定了那些真正需要解决的问题，你就要先对其进行预处理，然后为你和你的团队划定一个清晰的问题范围。

3. 定义你的流程

定义严谨的设计流程对于保障交付高品质的数字体验至关重要。这需要一个体系化的方法，能够保障在为形形色色的设计问题制定解决方案时，团队与团队之间保持高度协作，而且工作内容和工作成果都可以精准溯源。

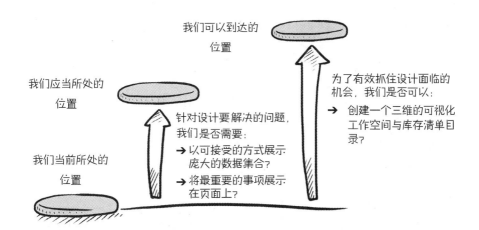

在建立体验设计流程时，始终坚持从生态系统层面出发，以确保你不会被短视的解决方案蒙蔽。当然，无论你的关注点在哪里，从流程的角度来看，尽量不要偷工减料，你的流程始终都要保证能够涵盖以下各个层面：

- **生态系统/工作流**：在深入了解细节之前，确保了解并优化整个系统及其相互关系。

- **详细设计**：确保从草图到视觉体验的实际设计工作可以持续迭代，尤其是细节（交互体验、视觉体验、内容体验），因此流程中应确保为团队协作和持续迭代分配足够的时间。

- **设计体系**：为所有相关设计规格建立一套真实可靠的参照体系，保持开发工作的一致性与可扩展性。尽量不要尝试在不同的情境中解决相同的设计问题，有效利用设计体系可以提高整个设计流程的效率。

- **设计质量保证**：促使设计师能够经常性地检查产品功能的构建活动是否遵照体验设计的要求。在构建解决方案的同时，请注意分配相应的时间对其实施一定频率的质量保证活动。

4. 通过试错确认体验设计

当你在为解决各式各样的设计问题持续迭代时，当你在为解决各式各样的设计问题努力思考解决方案时，也请思考：采用何种方法和途径来确认这些解决方案——你需要发现、探索哪些问题？你可以运行哪些测试内容，以及何时运行？你还需要哪些输入？通过试错来测试这些假设，你将显著降低业务风险，最重要的是获得数据以便进一步去改进设计。

最有效的体验设计是通过某种评价性方法（参见第25章："挑选用户调研的方法"）来持续进行试错，通常以积极观察用户行为的可用性研究方式进行，或以A/B测试的方式进行。

确保在规划中加入不断试错的内容，通过不断获取用户反馈来构建从优秀到卓越的用户体验。

5. 为确保成功，都需要哪些利用工具，都需要寻求哪些合作对象

由于用户体验设计在业务转型中的影响越来越大，市场上也出现了大量的相关工具，而且价格相当实惠。

为你的组织识别可有效提高工作效率的工具，并在整个设计过程中持续有效利用它们。

有效提升设计过程的工具包括（但不限于）：

- **设计定义/工作流工具**：Miro、Mural、Whimsical。
- **详细设计工具**：Figma、Sketch+Abstract、AdobeXD。
- **用于设计原型的工具**：UXPin、Justinmind、Principle。
- **用于试错的工具**：UserTesting、Userlytics、Great Question。

确保参与设计过程的设计师都可以使用所有的工具。

6. 有效管理，持续提升价值

严谨有效的管理，依赖于在规划体验设计的实践时关注到正确的人员、正确的问题、正确的流程、正确的工具以及正确的试错活动。

请记住，通过体验设计解决用户和业务问题是一个持续不断的过程，因为随着时间的推移，你的解决方案可能会失去效力。另外，科技发展日新月异，设计标准不断推陈出新，这些都会影响到你的体验设计。你要坚持不懈地跟踪现有的、以前的DP解决方案，以便确定哪些解决方案可以持续推动价

值，而哪些解决方案压根就没有奏效。

最后，始终要对组织中日积月累的体验债务保持高度警惕，这种债务来自没有解决正确的用户问题，或者没有最大限度地解决问题。确保将你的体验债务维持在用户注意不到的水平上。

逸闻轶事：充分信任流程

在UXReactor公司，我们专注于解决各种各样的设计问题。有时我们专注于简化屏幕的用户界面层次结构；有时我们还可能专注于构建一个全新的平台，将多个产品组合在一起以交付无缝的体验。

无论问题的复杂度如何，每一位设计师都无一例外地严格遵循设计流程，这确保我们能够始终如一地交付高品质的成果。

有趣的是，每当设计师或者客户合作方伙伴试图裁减流程时（例如，越过工作流设计，与工程师一起一头扎进视觉设计的细节中），我们就会注意到，此举会直接影响到最终交付的成果的品质，这恰恰就是从系统级到界面级的设计缺乏深思熟虑的过程而导致的不良后果。

在铁一般的事实面前，我们得到这样一个价值不菲的教训：相信流程，其他的都可以如约而至。

如何最大限度地发挥本章内容的价值

- 当你规划团队的人员结构时，不要忘了那些内部干系人，他们对你的体验设计也会施加影响。他们可能会提供不同的观点，又或者他们会签发你的解决方案。

- 不要害怕对每件事都试错。恰到好处的试错活动可以促使你在设计过程中适当的阶段就能够获取足够的洞见。这样，你就不会在视觉设计阶段还进行工作流级别的修改和返工，也不会在其他地方犯类似的错误。

本章总结

　　一个成功的体验设计实践的规划对于高品质的体验设计解决方案至关重要。始终确保在你的规划中纳入了正确的人员、正确的问题、正确的流程、正确的试错活动以及工具，这样才能为你的用户和公司创造出源源不断的价值。

相关章节

第23章 体验转型规划　　　第30章 用户调研规划

第37章 产品思维规划

第 3 篇

如何在组织内运用这些实践

> "知可以战与不可以战者胜。"
>
> ——《孙子兵法·谋攻篇》

第45章

假如你是公司高管……

——对比两位公司高管在不同商业环境中的不同做法

为了证明本书的威力，让我们来看看身处不同商业环境下的两位公司高管在现实生活中必须面对的一些场景，并讨论他们如何用好本书来达成预期的目的。

克里斯领导的阿尔特教育，就是你在第1章中了解到的那个小型但高效的组织。凯西领导的丽芙制药，是一家大型跨国上市公司。

阿尔特教育：创新还是冒险？

阿尔特教育是一家成熟的公司，为K–12的学生提供丰富的课后课程，在美国西海岸的多个城市都有教学点。它的故事始于2017年，在首席执行官克里斯的带领下，这家运作成功的实体教育公司奠定了坚实的客户基础，其品牌在当地社区内广为人知。公司业务稳步增长，四面出击、攻城略地，在各个城市开拓业务，利润丰厚。

然而，阿尔特教育的快速成长也受到了来自资本方的限制，原本不断开拓新的教学点的方式难以为继。为此，克里斯一直在尝试如何实现数字化转型，例如，公司开始为Coursera和Udemy等大量在线培训平台提供服务。他知道，他需要一种对资本依赖度较低的方式来开拓他的业务。另外，公司也需要一种全新的方式，在全国范围内扩大其品牌认知度。他已经意识到，尽管数字化转型蕴藏着巨大的商机，但这依然需要多达数百万美元的投资。

毕竟公司资源有限，克里斯不敢对其中的风险等闲视之。阿尔特教育自己也有一个小型的设计开发团队，但他们主要用于满足公司内部的市场营销与教材开发方面的IT需求。

克里斯如何有效利用本书中的各项实践？更重要的是，他将如何应对即将到来的、无人可以预见的，但是又会给阿尔特教育带来致命影响的2020年新冠疫情？

阿尔特教育：克里斯的做法（2017—2020年）

让我们先把时钟调回到2017年。在认真研读完本书之后，克里斯决定：秉承"用户至上"的理念，构建出首屈一指的数字化学习体验来超越竞争对手。他进一步认识到：需要即刻着手评估阿尔特教育的人、流程、环境和思维模式，根据评估的结果实施改进。最为难能可贵的是，克里斯意识到：他不用依赖大量投资就可以开始试错；他完全可以采用循序渐进、以点带面的方法。虽然他本人已经高度认同"以用户为中心"的理念，但他希望能有人来帮他推动整个组织的变革。

他参考本书第21章"招聘"中的相关实践，聘请了一位体验战略规划者，由他来具体推动下一步行动，明确授权他来推动"以用户为中心"的转型活动。

克里斯的具体行动包括下列内容：

- **他每月定期与体验战略规划者会晤一次**，检查并讨论精心策划的体验转型方案的实施情况与效果（参见第23章："体验转型规划"）。

- **他充分评审了用户调研中揭示的关键体验**，并对它们一一标注了优先级，利用这些体验为阿尔特教育的每一类重要用户都创建了体验路线图（参见第19章："体验路线图"）。

- **他根据上述内容定义了体验的愿景**（参见第20章："体验的愿景"）。

- **他安排了一名调研人员与用户一起核对体验的愿景的内容**，确保阿尔特教育打算着手解决的问题都是正确的（参见第25章："挑选用户调研的方法"）。

2018年，阿尔特教育已经定义妥当体验的愿景，并且已经向全体组织成员分享。克里斯将管理层召集在一起，根据他的期望制定了在未来两年里需要衡量并监控的用户指标和业务指标（参见第28章："体验设计的指标"）。然后，他们聘请了一家外部的技术供应商按照体验的愿景来构建产品。体验战略规划者本人与技术解决方案提供商通力合作，创建一份产品体验设计策划，以便设计团队能够协力设计并构建既定的用户体验，实现公司的数字化转型（参见第35章："产品体验策划"）。

到了2020年，克里斯的公司已经发生了翻天覆地的变化。他们不仅全面实现了数字化转型，发布了全新的数字化产品，重要的是，他们还锻造出一支面貌一新的团队，建立了适应数字化的流程。事实上，他们还花费了12个多月的时间来不断完善用户对数字化产品的体验。这样，即使在疫情期间，阿尔特教育的活跃用户数量依然呈现了令人咋舌的增长：每月增长100%。

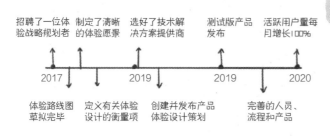

克里斯充分利用本书中的"招聘"实践，聘请经验丰富的体验战略规划者，明确他的责任，全权委托他来推动各项举措，即刻着手实施以用户为中心的"试错"活动。

丽芙制药：为未来业绩的增长埋下种子

凯西接任了有40年历史的丽芙制药的首席执行官。丽芙制药在全球拥有3000多名员工，他们研发的抗病毒药物在市场上大获成功，在很短的时间内就给公司带来了可观的收入。凯西决心带领丽芙制药进入下一个黄金增长期。她拥有工程背景，坚信利用最新技术可以使丽芙制药变得更加敏捷，能够快速应对市场、应对客户。然而，丽芙制药的许多系统和流程都是几十年前定好的，这些都是公司在数字化浪潮中优化运营的沉重阻碍。

凯西酷爱读书，偶然间她发现了一本《哈佛商业评论》。杂志里列举了10本关于设计思维的必读书目。在做好各种案例的研究之后，凯西决定为丽芙制药制定一个"用户优先，技术优先"的战略。

她知道，她的公司目前正在上市的药物对不同的患者及其家庭将会产生重大影响。凯西希望建立一个可持续发展的、关注健康的组织，在未来十年中能够积极创新、高速发展，但她不确定如何在组织中建设这种全新的文化氛围。

在这种情况下，凯西如何利用好本书呢？

丽芙制药：凯西的做法

凯西在阅读本书之后充分意识到，成为一家"以用户体验为中心"的组织必将经历一段步步为营、稳扎稳打的漫长旅程。作为漫漫征程的第一步，凯西决定让她的整个管理层都先去阅读本书，熟知其中的概念。凯西认为，需要有人负责去推动这一转变，她请求她的战略部门总监罗恩作为代理"首席体验官"来领导这项工作。

凯西为罗恩设定的第一个目标就是显著提高丽芙制药对用户的同理心水平（参见第17章："共享同理心"），而且把所有的用户洞见都集中存贮在一个地方（第29章："有效管理和应用调研成果"）。她意识到，她的组织对自己所服务的用户的认知和理解非常有限。而且，更尴尬的是，就那么一点点认知，还不知道存在哪里，谁也找不到。

六个月之后，罗恩的工作取得了重大成功。很明显，公司已经开始对自己所服务的用户有所了解，从基层员工到董事会成员，组织中的很多人都更新了自己的观念，都拥有了全新的目标。

随后，凯西意识到她需要一位全权负责的高管持续推动组织转型。她将罗恩提升为全职的首席体验官，正式确立了罗恩在提升用户体验方面的所有做法，增加了公司在这方面的预算，还决定扩充罗恩团队的规模。

罗恩的团队不负众望，开展了如下工作：

- **他们在"增强同理心"方面的工作揭示了一个事实**：员工难以使用公司内部的工具有效完成工作，这直接影响到了用户的体验。因此，他们将"用户"的定义扩展到丽芙制药的内部用户，包括销售、支持、生产、研发、营销和运营部门的员工，以及最终用户。
- **他们为每一类型的用户（内部用户和外部用户）都确定了体验路线图**（参见第19章："体验路线图"），并为每一个用户类别都制定了清晰的愿景（参见第20章："体验的愿景"）。
- **他们确定了相关的业务指标**，并将其与用户体验指标相关联（参见第28章："体验设计的指标"）。
- **他们根据产品体验策划里各项任务的优先级排序，逐步执行各项活动**（参见第35章："产品体验策划"）。

凯西进一步决定，建立一项公司级别的"季度回顾"制度，根据体验转型规划（参见第23章："体验转型规划"）中规定的各项原则，检查各项活动及其推进情况，涵盖人、流程、环境和思维模式的各个方面。

在接下来的几个季度，公司的各项营运工作都逐步转为专注于对用户的深入洞察。丽芙制药开展了大量的试错活动，有些成功了，有些却失败了。但通过这一过程，很多举措都开始显现出效果：

- 全新设计的患者社区。
- 全新开发的员工内部网。
- 新药配方模拟器。
- 全球医师协作网络。

在24个月内，丽芙制药为其客户改善了产品和服务体验，帮助内部用户提高了工作效率。市场形势一片大好，股市也水涨船高，股价上涨了150%

以上，股东们喜上眉梢。然而，对于凯西和罗恩来说，一切还仅仅是一个开始。

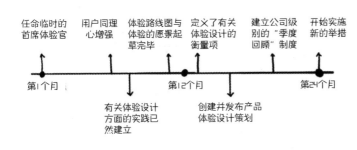

第46章

假如你是设计团队负责人……

——两段起点不同的旅程：成熟型公司与不成熟的公司

为了继续说明本书的威力，让我们来看看身处不同商业环境下的两位设计团队负责人在现实生活中必须面对的一些场景，并讨论他们如何用好本书来达成预期的目的。

乔在一家医疗保健公司领导一支小型设计团队。艾萨克是一家大型组织的用户体验团队的设计经理（通常我们形容这类角色为"大公司里的小零件"），但他希望自己能够对公司产生更大的影响。

乔：引领团队从微观设计走向宏观设计

乔是一家中等规模（拥有500名员工）公司的设计负责人，该公司专注于医疗领域支付平台的设计开发。他最初的专长是平面设计，他总是能够提出各种创意，而且他还拥有出色的视觉设计能力。最初，当乔加入公司时，还只是一名营销视觉设计师。随着时间的推移，公司不断发展壮大，乔逐渐成长为产品设计人员。去年，他晋升为用户体验设计经理，团队中拥有两名全栈设计师（拥有全方位的设计技能）。他的团队的主要目标是：确保工程团队按照产品经理设定的产品需求优先级顺序，提供恒定的设计规范，从而能够在不拖延工程周期的情况下构建出产品。

最近，公司聘请了一位新的产品管理团队负责人。此人坚信要"以用户为中心"来领导产品路线图。她与乔第一次会面时就提出，希望团队能按照"用户优先"的策略行事，而不是团队现有的"内部优先"策略，她希望乔能更多地参与和协作，以实现这一转变。乔对这种可能性感到很兴奋，也正在努力了解这方面的相关知识，以防在与这位新的产品管理团队负责人面对面交流时因业务不熟而磕磕绊绊。

乔的成长之路

乔的经理递给他一本《用户体验设计》。乔在读了本书之后意识到，尽管他一直在从事用户界面设计工作，但实际上他对自己团队的工作能够给公司和用户带来多大的影响一知半解。鉴于自己的资源有限，乔的第一步行动计划是向他的团队介绍五种思维模式（参见第8章："以用户为中心的组织的思维模式"），普及"用户优先"的理念（参见第5章："不经之谈"）。这确保了他和他的团队在思维模式和理念上保持一致。

接下来，他开始构建一整套有关用户洞见的体系（参见第29章："有效管理和应用调研成果"），可以为团队的设计和产品路线图提供丰富有用的信息。为了开展这项工作，他雇用了一名实习生来帮助自己完成一些总结提炼的工作，从中升华出的有关用户洞见的成果会在全公司范围内广泛分享交流。以此为契机，乔开始运作以下活动：

- 促进产品、设计和工程三支团队以全新的方式开展跨职能协作（参见第36章："跨职能协作"）。这项工作的成效是显而易见的——团队之间的合作天衣无缝，团队之间的氛围亲密无间。
- 举办一场团队关键干系人悉数参加的研讨会，**共同创建第一份体验路**

线图（参见第19章："体验路线图"）。

很快，他们的工作成果传遍了公司，乔和产品管理团队负责人被要求向管理层展示此路线图。这是一项巨大的成就，因为这是该公司内部多个团队之间首次就如何提升用户体验达成一致（不仅包括如何提升用户体验的活动，而且还包括各项活动的优先级）。管理层欣然同意在促进"用户至上"的理念上投入更多资金，允许乔将其团队规模扩大3倍（参见第21章："招聘"），并制订一份专门的用户调研规划（参见第30章："用户调研规划"）。

于是，在这家公司，从实习生到首席执行官，每个人都能有效利用实施该项规划所获得的、在用户洞见方面的调研成果，使组织与用户的需求保持高度一致，在整个公司范围内增强了对用户的同理心。

随后，乔以稳妥可靠的基调构建了体验转型方案（参见第23章："体验转型规划"）。在30个月内，他的团队在以下三个方面大获成功：

- 他们构思并设计了一个专注于牙科手术的全新产品（参见第20章："体验的愿景"）。

- 他们将组织对用户的同理心级别提高到第5级（参见第17章："共享同理心"）。

- 他们的设计流程日渐成熟，还制订了清晰而周密的计划（参见第35章："产品体验策划"）。

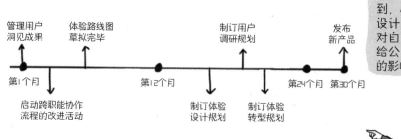

做企业的领路人：艾萨克的成长之路

艾萨克是一家上市公司的用户体验团队的设计经理。该公司专注于供应链软件的设计开发，是一家典型的技术型公司。艾萨克向公司的首席信息官汇报工作。他的团队由一名用户调研人员、一名交互体验设计师和一名视觉体验设计师组成。他们向工程团队交付设计规格，评估用户测试的结果。他们还负责研究和设计如何做好软件的维护工作，因为不断有新功能添加到这个强大的平台中。艾萨克的团队已经在该软件开发组织中建设出和谐共创的氛围。

一天，艾萨克聆听了首席执行官在公司季度财报电话会议上所作的报告。当时，市场分析师询问首席执行官："为什么竞争对手的产品更容易上手？为什么竞争对手会强调'以用户体验为中心'？"首席执行官并没有给出太多回应。艾萨克感到首席执行官对这个问题带有一定的防御情绪，市场分析师也觉察到了这一点。

艾萨克想知道他能否为此做些什么。

艾萨克要求他手下的调研人员对现有产品实施一次体验的标杆测试（参

见第32章："用户体验的标杆"）。

测试完成后，他主持召开了一次研讨会。会上，他的团队分析了测试得到的结果，这使得他们能够清晰地认识到自己产品的用户体验与竞争对手产品的用户体验之间存在的差距。

他将测试的结果汇报给首席信息官，并分享了团队发现的机会和相关问题（参见第34章："设计要解决的问题，设计要抓住的机会"）。

首席信息官很欣赏这种信息的呈现方式，要求艾萨克与产品团队和工程团队一起为每一类用户制定一个**体验愿景**（参见第20章："体验的愿景"）。在随后的一个季度里，艾萨克领导实施了这项计划，他的团队还为所有关键用户都创建了**体验路线图**。

在历经多次迭代和用户反馈之后，艾萨克得到机会在首席执行官及其高管团队面前分享最新版的体验愿景。他精心准备自己的演讲，从中分享了公司软件产品创新乏力的根本原因——**公司并没有深入地了解其用户**。艾萨克建议高管团队：做出努力，改变组织现状。高管团队认为这的确是公司十分薄弱的地方，授权艾萨克和首席信息官一起继续推进"用户体验优先"的策略。

随后，在高管的支持下，艾萨克开始大展拳脚：

- 他部署了共享同理心活动（参见第17章："共享同理心"），在全组织范围内推动对用户的同理心。
- 他将体验的愿景与路线图直接关联到产品的路线图与产品实施计划中（参见第35章："产品体验策划"）。
- 他的团队定义了体验设计的指标（参见第28章："体验设计的指标"），以便团队能够清楚地展示自己对用户体验的影响。这也显示出改善体验设计可以显著地促进客户升级和留存客户。

在短短24个月内，艾萨克的团队规模扩大了5倍，他也被提升为首席体验官，直接向首席执行官汇报工作。更重要的是，艾萨克第一次有机会亲身参加公司财报电话会议，亲自解决公司在有关"以用户为中心"的做法上的任何问题。

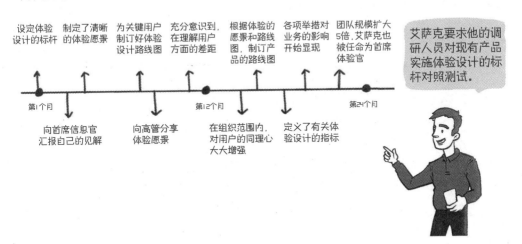

设定体验设计的标杆

制定了清晰的体验愿景

为关键用户制订好体验设计路线图

充分意识到，在理解用户方面的差距

根据体验的愿景和路线图，制订产品的路线图

各项举措对业务的影响开始显现

团队规模扩大5倍，艾萨克也被任命为首席体验官

第1个月

第12个月

第24个月

向首席信息官汇报自己的见解

向高管分享体验愿景

在组织范围内，对用户的同理心大大增强

定义了有关体验设计的指标

艾萨克要求他的调研人员对现有产品实施体验设计的标杆对照测试。

第47章

假如你是一位设计师……
——成为体验战略规划者的成功之路

在过去的十年中，用户体验设计专业一直是不同背景和专业人员竞相投身其中的大熔炉。虽然，这有助于提升该领域内的专业人才厚度，但也造成了这样的窘境：大批专业人士尽管拥有三到五年设计数字化产品的经验，依然对如何成为组织中的体验战略规划者懵懂未知。

在本章，我们勾勒出一个体验设计师的日常工作场景：阿里是一名设计人员，他希望利用自己的技能对公司产生战略级的影响。

从设计师到体验战略规划者：阿里的成长之路

阿里是一家网络技术公司中的六人用户体验设计团队里的高级交互设计师。在这个岗位上，他一直都是在高度结构化的软件开发流程中工作——产品经理提供产品需求，阿里与他们合作，使用线框图的方式创建并不断迭代更新设计，然后再把终稿交付给视觉体验设计师。作为团队中最资深的一员，他渴望在组织中得到进一步发展。他的经理屡次告诉他："要有战略性思维以彰显自己的影响力。"但阿里并不知道应该从何开始。

当阿里阅读本书时，他决定将其中的几章内容付诸实践。

利用他对产品的认知，阿里创建了一个**体验生态系统地图**（参见第18章："体验的生态系统"），使他能够清晰地理解和描绘公司内不同的用户、产品与服务。

接下来，阿里又完成了如下工作：

- **他评审了用户调研人员提供的有关用户可用性的报告**，深入了解在过去几年收集到的所有用户洞见。
- **他为公司的两个主要用户草拟了体验路线图初稿**（参见第19章："体验路线图"）。这项工作的成果在于，充分揭示出公司开发的迁移工具对用户来说是一个巨大的挑战。事实上，它们太令人生畏了，用户根本无法继续使用产品。进一步的分析表明，迁移工具由客户成功团队负责，不属于产品团队的权限。

阿里将这项发现带回他的设计团队，并分享给产品团队。然后，团队积极思考解决这个问题的方法，特别考量了没有良好的迁移工具会给公司带来的不良后果。在不到一周的时间里，团队就绘制出一个故事板，推演当组织内各个部门之间能够无缝协作时，将会给产品的用户体验带来怎样的全新效果（参见第20章："体验的愿景"）。这个美丽的愿景促使团队里的用户调研人员积极邀请用户一起测试新开发的视觉内容以观察他们的反应，获得了意料之外的反馈，这些反馈都可以融入产品的下一轮迭代中。

凭借用户调研活动得到的反馈，阿里调整了体验愿景，然后把它分享给更高阶的管理者团队。不用说，他们对自己看到的东西十分欢喜，他们对用户的良性反应欣喜若狂。

领导团队要求阿里牵头重新设计公司所有产品的试用和登录体验，并将阿里提升为体验战略规划者。此后的一年时间里，阿里发掘出了许多改善产品迁移体验的需求，并对其进行了设计和迭代，借此创造了一个深受用户欢迎的愿景。

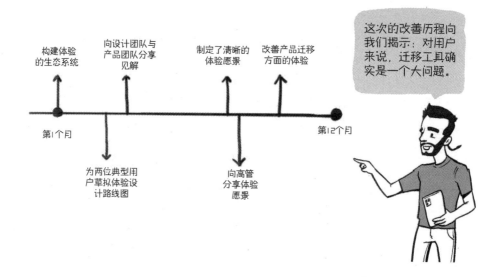

第48章

假如你是刚入行的新手……

——建筑师和传媒专业的毕业生如何成功转型为体验设计师

用户体验设计师在其职业生涯中可以得到丰厚的回报——他们的工作会对人类的生活产生重大影响。同时，他们每一天也都面临着对自身智力和创造力的高强度挑战。此外，全球范围内对用户体验设计师的需求与日俱增，未来几年的需求将超过10万人。毋庸讳言，对于具备良好潜质和真正的设计思维模式的人士而言，有很大的机会可以转向这条崭新的职业发展通道。本章将向你展示两位新手从业者的转型经历。斯科特是一名建筑师，他的职业发展规划是成为一名交互体验设计师。珍妮特是一名在校大学生，在一家电子商务公司做实习生，她想为自己即将开启的职业生涯添上浓重的一笔。

从传媒专业的毕业生到专业的用户调研人员：珍妮特的成长之路

珍妮特最近刚刚毕业，主修传媒和社会学。她对人们在不同环境中的交流和互动方式很感兴趣，对"人种学研究"推崇备至，认为它是洞察用户的好方法。在大学三年级时，珍妮特曾在一家科技型公司担任过营销岗位的实习生。那时，她所参与的工作是针对不同促销活动分别创建各类型的触达信息，从中可以清晰观察到各类型信息和人类行为对营销网站的直接影响。这激发了珍妮特的浓厚兴趣。实习期结束后，她开始将用户调研作为自己的职业选择，并发现了《用户体验设计》一书。

临近毕业时，珍妮特联络她当年实习的公司的产品主管，看看她是否能够从事用户调研的相关工作。她分享了自己在阅读《用户体验设计》一书时记下的一些心得。珍妮特获得了一份实习工作机会，为该组织计划在今年晚些时候作为SaaS应用程序发布的内部产品做些用户调研。

珍妮特在《用户体验设计》一书中学习到：要想在用户调研中获得有效成果，必须关注六个属性（参见第27章："用户调研的品质"），她按照书中所讲来操作整个调研过程：

- 她与产品经理合作，确定团队想要进一步了解的用户及其关键调研问题。这有助于她从本书所罗列的各种方法中选择到最有效的一种。（参见第25章"挑选用户调研的方法"）
- 按照本书第26章："招募用户调研的参试者"中所列举的做法，她招募到了能发现产品价值的相关参试人员作为用户代表。
- 她对这些用户进行调研并收集到了许多有价值的成果。（参见第29章："有效管理和应用调研成果"）

同时，她还完成了如下工作：

- 她调查其他竞争对手如何解决类似问题。她对用户的体验进行了标杆测试（第32章："用户体验的标杆"），以定义哪些是最容易被接受的用户体验，而哪些又是为用户提供了超越其想象的功能和乐趣的用户体验。
- 她逐一梳理所有已发现的设计问题和设计机会（参见第34章："设计

要解决的问题，设计要抓住的机会"），并根据迄今为止所有已完成的工作对其进行了优先级排序。

在为期6个月的实习结束时，珍妮特向产品团队和工程团队展示了她的调研成果。经理们对这些调研成果的品质赞赏有加。毫无疑问，他们希望自己的产品线在进行用户调研时也能如此严谨。

最令珍妮特高兴的是，实习结束时她被录用为该公司全职员工，正式作为一名用户调研人员加入团队。当她的同学还在从事入门级工作时，她却以"能够独立策划高品质的用户调研的专业人士"的身份入职这家公司。

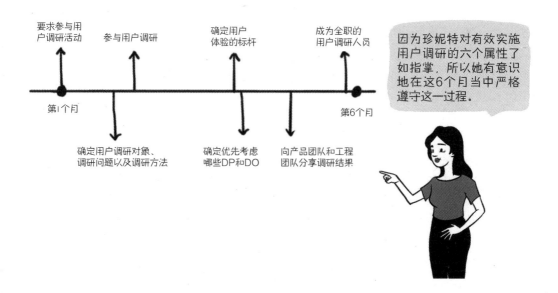

从建筑师到交互体验设计师：斯科特的转型之路

斯科特对建筑设计十分着迷，所以他在大学里选择了建筑专业，并在毕业后的几年里一直从事建筑设计工作。然而，他对建筑设计中千篇一律、高高在上的做法感到厌倦。是的，他热爱设计，但他希望能够根据人们的真实体验不断修改和优化自己的设计，他觉得这才是他向往的职业。

通过在网上搜索，斯科特发现了用户体验设计这个新兴职业。他确信，建筑学里的宏观设计和数字化系统的宏观设计之间有着很多相通之处。他只需要培养一些新领域内特有的技能。

斯科特阅读了《用户体验设计》一书，了解了体验设计专业和其对用户与企业的影响。他渴望尝试其中的一些实践，于是他联络了自己的一位朋友。斯科特的这位朋友是一位软件开发人员，正在为一项旨在服务在校大学生的创业计划而搞得焦头烂额。这个创业计划尚处于初始阶段，要做的事情太多了。于是他的朋友迫不及待地接受了斯科特的提议，邀请斯科特来担当产品的设计工作。

斯科特决定首先创建一个快速讨论指南（参见第27章："用户调研的品质"）来采访大学生，这样他才能够对大学生建立起同理心，了解他们的痛点（参见第14章："用户同理心"）。通过这项调研工作，斯科特获得了丰硕的调研成果。于是，基于这些调研成果，斯科特着手如下工作：

- **他罗列出所有应该优先考虑的用户问题和业务问题。**（参见第33章："体验设计摘要"）

- 他通过多种方法**收集**到许多针对那些高优先级问题的解决方案**创意**。

- **他设计了一个工作流**（参见第39章："工作流设计"），描述在校大学生在他设计的产品中会经历哪些场景、产生哪些体验。他意识到，现有工作流的结构存在一些问题，降低了使用效率。于是他着手优化工作流，尽可能减少操作步骤、减少交互。这得益于他从用户调研中获得的对行业标杆的认知，以及他在创意收集过程中积累的经验。

- 他为工作流中的所有要素都**设计了线框图**（参见第40章："详细设计"），包括界面、文本、电子邮件和报警信息，**同时确保他解决的都是已经有效识别出来的设计问题**（参见第34章："设计要解决的问题，设计要抓住的机会"）。他在线框图上不断迭代，直到他设计出一个产品原型，并将原型交付用户以获得反馈，从而确保他已经达成了最初的体验指标。

利用斯科特更新后的设计方案，他和他的朋友开始一起开发软件。在构建过程中，斯科特定期验证体验设计，以确保产品设计与预期的体验设计保持一致（参见第43章："用户体验设计的质量保证活动"）。

斯科特的朋友在几所大学校园里发布了该产品的测试版，学生们一眼就看上了这个东西，因为它已经解决了关键问题：最初需要十个操作步骤，现在已经优化为两个步骤。同样，以前晦涩难懂的信息，现在不仅易于理解，还能轻松获取。该产品很快就拥有了一批潜在用户。

考虑到该产品带来的轰动效应，风险投资基金联系到斯科特的朋友，愿意为这家初创公司提供资金。投资人特别强调，用户体验仍然是该产品后续改进的重点。斯科特的朋友邀请他成为该公司的联合创始人。斯科特意识到，他采用简单有效的方法就使自己成长为一名创新者，而且他自己也乐在其中。

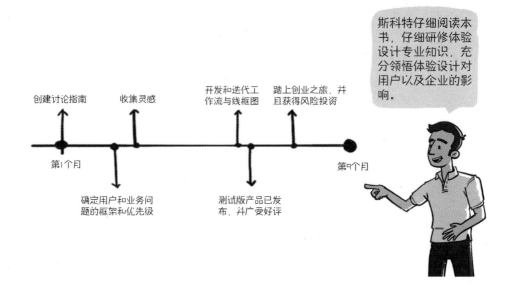

第49章

假如你是来自其他团队的成员……
——产品经理和工程师如何成为出类拔萃的合作者

想要交付出与众不同的用户体验，需要多个部门精诚团结、携手并进，包括产品部门、工程团队、销售团队、客户服务部门以及其他部门。

安妮塔是某公司的产品经理，汤姆是该公司的工程主管。让我们研讨一下，他俩如何有效利用本书与用户体验设计师开展卓有成效的合作。

之前 之后

从同事到合作者：安妮塔和汤姆的经历

安妮塔和汤姆是一家小型电子商务公司的同事，该公司靠着在网上销售香水大获成功。安妮塔是高级产品经理，汤姆在过去几年里一直担任高级工程师职务。最近，一位风险投资人为他们的公司注入了大笔资金，该投资者希望在个人护理领域打造出一个全球化品牌。

公司规模扩大了，眼界拓宽了，组织的理念也发生了重大变化。该公司着手组建一支由专业人士组成的设计师团队，包括交互设计师、视觉设计师、用户调研人员和设计经理，希冀能够为用户打造出与众不同的体验设计。

安妮塔和汤姆都不习惯与经验丰富的设计师合作，因为之前与他们合作的都是专注于细节的用户界面设计任务的顾问。今后，他们都希望能够与设计团队通力合作，以实现公司"打造全球化品牌"的雄心壮志。

当安妮塔阅读了《用户体验设计》一书之后，她意识到，与体验设计团队合作是一个高度协作的过程。她还意识到，她需要以无条件信任的方式依赖团队（尽管她对此还很不习惯）。

在体验设计团队创立初期，安妮塔就积极参与招聘活动。作为面试小组的一员，她希望自己招聘到的设计师拥有正确的设计思维模式，能够在体验设计的全价值链上保障设计品质。例如，安妮塔希望申请"用户调研人员"职位的候选人，能够有效推动用户调研工作的关键要素在组织内生根发芽（参见第21章："招聘"），包括：

- **对用户的同理心**（参见第14章："用户同理心"）。
- **用户体验的标杆**（参见第32章："用户体验的标杆"）。
- **有效利用用户调研成果**（第29章："有效管理和应用调研成果"）。

在设计团队的组建工作已完成的时候，安妮塔已经做好准备与这支全新的团队勠力同心、同舟共济（参见第36章："跨职能协作"），她期待着大家能够一起努力创造奇迹。

在汤姆阅读《用户体验设计》一书时，他也开始意识到，与全新的设计团队开展合作的方式有很多，他需要他的工程团队以更为积极主动的合作精神与这支全新的体验设计团队团结奋进（参见第36章："跨职能协作"），并且还要充分利用用户调研团队的调研成果，有效提升工程团队对用户的同理心与理解力。

汤姆还意识到，工程团队要跟设计团队并肩携手完成以下这些交付件：

- **工作流**（第39章："工作流设计"），以便他的团队能够积极正确地交付最佳用户体验所需的数据模型。

- **线框图**（第40章："详细设计"），以便他的团队能够精确理解用户与产品之间都有哪些交互，每一项都需要哪些组件。

- **设计体系**（第42章："设计体系"），这样他就可以在公司的所有产品中保持设计的一致性。

总的来说，通过上述合作过程，汤姆对产品体验设计的期望更加精准，对如何与同事精诚合作以提供最佳体验理解得更深。

今后，安妮塔和汤姆都希望能够与设计团队通力合作，以实现公司"打造全球化品牌"的雄心壮志。

做好准备，预备——出发

"你的信念有多坚定，你的成就就有多伟大。"

——威廉·斯科拉维诺

第50章
结束语

当你来到本书的结尾时，我希望你对体验设计能够对这个数字化转型迅猛的世界所产生的力量有了更深入的理解。我还希望你能够识别出一些相对而言比较重要的实践，以便它们在你的组织中迅速得以利用。请记住，这段旅程并不容易，因为你将违背惯性定律，因此需要几轮迭代才能完成。

为了更好地帮助你实现这一目标，我将本书的精髓提炼为两份宣言：第一份宣言是给体验设计师的，提醒他们为了设计出尽善尽美的体验，哪些要素将会发挥至关重要的作用；第二份宣言是给公司的管理层和设计团队领导者的，提醒他们确保用好用户体验设计来厚植其团队和组织的商业价值。

每一份宣言中都有10项承诺，都是为了提醒人们要在正确的方向上做出努力。我建议你将相关的宣言打印出来，张贴在工作环境中，这样它就能不断提醒和激励你和你的团队。

给体验设计师的宣言

1.
在开始设计任何东西之前，我都会站在用户的立场上，沉浸在用户的旅程中。

2.
我不会让我的组织结构妨碍到任何一项与众不同的体验设计的实现。

3.
首先，我要对我的用户负责。这个优先级高于其他任何人。

4.
我将不断精进自己在体验设计方面的技艺，同时始终将推动业务增长的目标牢记心中。

5.
我的工作是体验设计，而不单单是界面设计。

6.
在给出解决方案之前，我一定要先判明问题之所在。

7.
我将与其他部门的同事精诚合作，并肩携手，为我们的用户、公司取得最佳成果。

8.
我必须建立起对用户的深刻同理心，借此来促进组织创新，带动组织文化变革。

9.
我将以合作伙伴的身份履行自己的职责，始终秉承体验的愿景去做出任何会影响组织未来的决策。

10.
我将通过体验设计工具包推动业务增长。

给管理层和设计团队领导者的宣言

1. 我将把我们的组织建设成一个对我们所服务的用户有着深刻同理心的组织。

2. 我不会让我的组织结构妨碍到任何一项与众不同的体验设计的实现。

3. 首先，我要对我的用户负责。这个优先级高于其他任何人。

4. 在我的领导下，组织的业绩将成倍增长。

5. 我会每时每刻关注体验的指标，即使在吃饭睡觉的时候。

6. 我将聘请和管理一个以体验为中心的团队，这支团队拥有开放包容、积极向上的心态。

7. 我将努力培育一个以用户为中心的、不断试错的环境。在这里，只要学到了东西，即使失败了我们也会庆祝。

8. 我会对组织中的体验债务保持警惕，并设法努力消除它们。

9. 我将授权团队以推动达成体验设计的各项成果。

10. 我会身先士卒。

反侵权盗版声明

电子工业出版社依法对本作品享有专有出版权。任何未经权利人书面许可，复制、销售或通过信息网络传播本作品的行为；歪曲、篡改、剽窃本作品的行为，均违反《中华人民共和国著作权法》，其行为人应承担相应的民事责任和行政责任，构成犯罪的，将被依法追究刑事责任。

为了维护市场秩序，保护权利人的合法权益，我社将依法查处和打击侵权盗版的单位和个人。欢迎社会各界人士积极举报侵权盗版行为，本社将奖励举报有功人员，并保证举报人的信息不被泄露。

举报电话：（010）88254396；（010）88258888

传　　真：（010）88254397

E-mail：　dbqq@phei.com.cn

通信地址：北京市万寿路 173 信箱

　　　　　电子工业出版社总编办公室

邮　　编：100036